Informelle Hierarchie als Erfolgsfaktor für Teamarbeit - Evaluation der Teamperformance vor dem Hintergrund rangdynamischer Prozesse

Alexander Steg, M.Sc.

Reihe: „Informelle Hierarchie und Rangdynamik“

Forschungsarbeiten zur Gruppendynamik, Rangdynamik und informeller Hierarchie im Kontext von New Leadership, New Work, dezentraler Arbeitsorganisation, agilem Projektmanagement, betrieblicher Gesundheit, Team Performance und Pädagogik

- www.informelle-hierarchie.de

Schöner Brunnen, Nürnberg

Autor: Alexander Steg, M.Sc.

FOM Hochschule für Oekonomie & Management gGmbH, Nürnberg
‣ www.fom.de

Herausgeber: Prof. Dr.-Ing. Dipl.-Inf. (FH) Peter H. Vatter
Prof. Dr. Frank Müller

FOM Hochschule für Oekonomie & Management gGmbH, Nürnberg
Institut für Arbeit und Personal (iap)
‣ www.fom.de ‣ www.fom.de/iap

ISBN (Print) 978-3-98933-004-7
ISBN (eBook) 978-3-98933-005-4

Die Deutsche Nationalbibliothek verzeichnet diese Publikation in der Deutschen Nationalbibliografie. Detaillierte bibliografische Informationen sind im Internet unter https://katalog.dnb.de abrufbar.

„Noricum Wissenschaftliches Buchhaus“ ist eine Marke der Noricum Consulting GmbH, Südwestpark 37-41, 90449 Nürnberg, Druck und Distribution: tredition GmbH, Ahrensburg. Printed in Germany

Die vorliegende

Master-Thesis

wurde durch den Autor unter dem Titel

Informelle Hierarchie als Erfolgsfaktor für Teamarbeit - Evaluation der Teamperformance vor dem Hintergrund rangdynamischer Prozesse

am 21.08.2022 an der

FOM Hochschule für Oekonomie & Management gGmbH,
Studienzentrum Nürnberg

zur Erlangung des Grades

Master of Science (M.Sc.)

in einer inhaltlich identischen Fassung
eingereicht.

Die Verteidigung wurde am 28.09.2022 erfolgreich abgelegt.

1. Gutachter: Prof. Dr. Peter Vatter
2. Gutachter: Prof. Dr. Frank Müller

Vorwort

Neue Strömungen in der Arbeitswelt manifestieren sich oft durch die Entstehung innovativer Arbeitsmethoden. Die wirkliche Herausforderung besteht jedoch darin, diese Methoden in Teamstrukturen zu integrieren, wobei jede Gruppe auf ihre eigene, einzigartige Weise reagiert. In meiner Tätigkeit als Softwareentwickler stellte ich mir oft die Frage, warum verschiedene Teams so unterschiedlich auf Veränderungen reagieren und warum sich der Erfolg ihrer Implementierung so stark unterscheidet.

Während dieser Reflexionen wurde mir die signifikante Rolle der Gruppendynamik in Veränderungsprozessen klar. Daher möchte ich mit dieser Arbeit zur Erforschung der informellen Hierarchie beizutragen, die die Teamarbeit auf subtile, aber entscheidende Weise beeinflusst.

Die vorliegende Masterarbeit ist das Ergebnis einer intensiven Forschungsphase, die ohne den Einsatz und die Unterstützung einiger anderer Personen nicht möglich gewesen wäre. Zunächst möchte ich meinen herzlichsten Dank an meinen Betreuer, Prof. Dr.-Ing. Peter Vatter, richten. Seine Begeisterung für das Thema der informellen Hierarchie war eine inspirierende und treibende Kraft während des gesamten Prozesses. Seine beständige Unterstützung, konstruktive Kritik und positive Ermutigung haben mich durch die Herausforderungen und Erfolge dieser Masterarbeit begleitet. Ich bin dankbar für seine Geduld und sein Engagement, die mir geholfen haben, meine Gedanken zu klären und für die folgende Arbeit zu destillieren.

Ein besonderer Dank gebührt meiner Frau, die mich auf diesem akademischen Weg begleitet und unterstützt hat. Ihre Liebe, Verständnis und Unterstützung waren immer eine Stütze in den Zeiten dieses Studiums. Ohne sie wäre diese Reise nicht das Gleiche gewesen. Ich möchte auch meinen Eltern danken, deren unerschütterlicher Glaube an meine Fähigkeiten und ihre anhaltende Ermutigung der Grundstein meiner akademischen Reise waren. Eure Liebe und Unterstützung haben mich in allem geformt, was ich bin und habe.

Ich widme diese Arbeit all jenen, die sich zukünftig in der Forschung der informellen Hierarchien engagieren werden. Ich hoffe, sie dient als Inspiration und Ansporn, eure eigenen Pfade in der Wissenschaft zu beschreiten. Möget ihr die gleiche Leidenschaft für dieses Thema entwickeln und die Freude an der Erkenntnis teilen.

Möhrendorf, den 06.08.2023 Alexander Steg

Inhaltsverzeichnis

Abbildungsverzeichnis .... **VII**

Tabellenverzeichnis .... **VIII**

Abkürzungsverzeichnis .... **IX**

1 Einleitung **1**

1.1 Zielsetzung der Arbeit 2

1.2 Aufbau der Arbeit 2

2 Theoretischer Hintergrund **5**

2.1 Gruppen 7

2.2 Gruppendynamik 8

2.2.1 Rangdynamisches Positionsmodell nach Schindler 10

2.2.2 Erweiterungen des Modells 13

2.2.3 Erweitertes Rangdynamisches Positionsmodell nach Vatter 14

2.3 Soziale Hierarchie 16

2.3.1 Formelle und informelle Hierarchien 17

2.3.2 Quantifizierung von Hierarchiestärken 17

2.4 Stand der Forschung zur Effektivität von Teams 20

2.4.1 Modelle der Teameffektivität 21

2.4.2 Google re:Work und das Projekt Aristoteles 26

2.5 Auswirkungen der Hierarchie auf die Teameffektivität 28

3 Methodisches Vorgehen **31**

3.1 Forschungsdesign 31

3.2 Erstellung des Fragebogens 31

3.2.1 Konstrukt: Individuelle Rangposition 32

3.2.2 Team und Gruppendynamik 33

3.2.3 Instrument: Teameffektivität 34

3.2.4 Instrument: Soziale Erwünschtheit 36

3.2.5 Fragen zur Soziodemographie 37

3.3 Angewandte Statistische Verfahren ... 38
3.3.1 Konfirmatorische Faktorenanalyse ... 38
3.3.2 Explorative Faktorenanalyse ... 39

4 Durchführung ... 43

4.1 Durchführung des Pretests ... 43

4.2 Durchführung der Umfrage ... 44

5 Auswertung und Darstellung der Ergebnisse ... 47

5.1 Deskriptive Analyse der Daten ... 47
5.1.1 Demographie ... 47
5.1.2 Teams ... 48
5.1.3 Führungserfahrung der Teilnehmer ... 51
5.1.4 High Performance Team Survey ... 51
5.1.5 Potentiale des Teams ... 53
5.1.6 Soziale Erwünschtheit-Gamma ... 53

5.2 Auswertung der Fragen zur individuellen Rangposition ... 54

5.3 Auswertung der Fragen zur Gruppendynamik ... 59

5.4 Wirkung der Gruppendynamik ... 62

5.5 Weitere Erkenntnisse ... 64

6 Interpretation und Diskussion ... 65

6.1 Vergleich mit dem Modell nach Vatter ... 65

6.2 Wahrnehmung der Effizienz ... 66

6.3 Einfluss der Gruppendynamik ... 67

6.4 Reflexion der Methodik ... 68

7 Zusammenfassung und Fazit ... 71

Anhang A – Fragebogen ... 73

Anhang B – Testitems des Fragebogens ... 80

Literaturverzeichnis ... 84

Abbildungsverzeichnis

Abbildung 1: Disziplinen der Teamforschung 6
Abbildung 2: Schindlers Rangdynamikmodell 13
Abbildung 3: Symmetrien in Zweierbeziehungen 20
Abbildung 4: IPO-Modell von McGrath 23
Abbildung 5: Team Basics von Katzenbach und Smith 25
Abbildung 6: Die "Five dysfunctions of a team" nach Lencioni 26
Abbildung 7: Altersverteilung 48
Abbildung 8: Art des Teams 49
Abbildung 9: Größe des Teams 50
Abbildung 10: Anzahl der Jahre im Team 50
Abbildung 11: Führungserfahrung der Teilnehmer 51
Abbildung 12: Ergebnisse des High Performance Team Survey (HPTS) 52
Abbildung 13: HPTS-Scores 52
Abbildung 14: Potentiale des Teams 53
Abbildung 15: Soziale Erwünschtheit-Gamma 54
Abbildung 16: Fragen zur Rangposition 55
Abbildung 17: Scree-Plot der EFA 58
Abbildung 18: Korrelation HPTS und Konflikte um Führungsposition 63
Abbildung 19: Fehlerursachen Diagramm 70

Tabellenverzeichnis

Tabelle 1: Charakteristika des Rangdynamik Modells nach Vatter 15
Tabelle 2: Merkmale der Individuellen Rangposition.. 32
Tabelle 3: Verteilung der Frageitems auf die Konstrukte 33
Tabelle 4: Fragen des High Performance Team Survey 35
Tabelle 5: Fragen zum sozialen Erwünschtheit Gamma 36
Tabelle 6: Anzahl der Fragen im Fragebogen.. 37
Tabelle 7: Herkunftsland der Teilnehmer 48
Tabelle 8: Items mit den häufigsten "Don't know"-Antworten..................................... 56
Tabelle 9: Gütekriterien der Confirmative Factor Analysis (CFA) 56
Tabelle 10: Faktorladungen.. 60
Tabelle 11: Korrelationen der Faktorwerte 61
Tabelle 12: Faktorladungen Gruppenfragen 62
Tabelle 13: Zusammenfassung der Ergebnisse.. 67

Abkürzungsverzeichnis

CFA	Confirmatory Factor Analysis (Konfirmatorische Faktorenanalyse)
CFI	Comparative Fit Index
EFA	Explorative Faktorenanalyse
GDS	Group Dynamic Space (Gruppendynamischer Raum)
HPTS	High Performance Teams Survey
IPO	Input Process Output Modell
KMO	Kaiser-Meyer-Olkin (Kriterium)
KSE-G	Kurzskala zur Messung der sozialen Erwünschtheit Gamma
RMSEA	Root Mean Square Error of Approximation
SAFe	Scaled Agile Framework
SAT	Structural Adaptation Theory
TLI	Tucker Lewis Index
VUCA	Volatility, Uncertainty, Complexity, Ambiguity

1 Einleitung

In den letzten Jahren wurden Unternehmen immer wieder mit großen Veränderungen konfrontiert. Die Digitalisierung und steigende Vernetztheit erfordert grundlegende Veränderungen in der Ablauforganisation. Gleichzeitig fordern Ereignisse wie die Coronapandemie oder der Krieg in der Ukraine und somit das makroökonomische Umfeld der Organisation eine hohe Anpassungsbereitschaft. Um kurzfristig auf Herausforderungen in der Lieferkette oder dem sich ändernden Konsumentenverhalten zu reagieren, werden innovative Lösungen benötigt.[1] In dieser VUCA-Welt werden bestehende zentralisierte „Command and Control" Entscheidungsstrukturen aufgelöst, um Raum zu machen für dezentralisierte Entscheidungsfindung in selbstorganisierten Teams.[2] Diese Teams ermöglichen es Unternehmen flexibel auf sich ändernde Anforderungen zu reagieren und stellen den grundlegenden Baustein einer modernen Organisation dar.[3]

In jeder Gruppe wirkt eine Dynamik, die das Verhalten der Mitglieder und damit auch die Ergebnisse von Entscheidungsprozessen beeinflusst. Dies geschieht durch verschiedene Arten von informeller Strukturbildung und Kommunikation, unter die auch Groupthink-Phänomene, Statusrivalitäten oder Cliquenbildung fallen.[4] Diese Dynamik wird seit mehr als 70 Jahren erforscht, erlebt aber aktuell eine Renaissance sowohl in der theoretischen Betrachtung als auch in der praktischen Anwendung.[5]

Um diese Gruppendynamik zu beschreiben definierte Schindler ein Rangstrukturmodell, in dem er vier Positionen definierte, die Gruppenmitglieder einnehmen, wenn sie sich in einer Gruppe befinden.[6] Gruppenmitglieder müssen ihre Position innerhalb der informellen Struktur der Gruppe ständig neu aushandeln.[7] In Anbetracht der New Work Bewegung wurde dieses Modell durch Vatter erweitert, um damit Zusammenhänge von digitaler Arbeitskultur und den rangdynamischen Prozessen in Gruppen zu untersuchen.[8] Vorarbeiten von Diszlberger haben bereits begonnen diese Positionen empirisch zu belegen.[9]

---

[1] Vgl. Saputra et al. (2021, S. 327).
[2] Vgl. Malone (2007, S. 11).
[3] Vgl. Mathieu et al. (2019, S. 18) & Vgl. Evans und Sanner (2021, S. 4).
[4] Vgl. Schreyögg und Schmidt-Lellek (2015, S. 288).
[5] Vgl. Bachmann (2022, S. 1).
[6] Vgl. Schindler (2013).
[7] Vgl. Bachmann (2022, S. 1).
[8] Vatter und Kugler (2022).
[9] Diszlberger (2022).

1.1 Zielsetzung der Arbeit

Darauf aufbauend und mit dem Wissen, dass gruppendynamische Prozesse und Rangkonflikte einen Einfluss auf die Entscheidungsprozesse in Teams haben, resultiert die Frage, wie die Rangdynamik die Effizienz von Teams beeinflusst.[10] Die Forschungsfrage und damit das übergeordnete Ziel dieser Arbeit lässt sich wie folgt zusammenfassen:

> *Beeinflusst die Gruppendynamik innerhalb eines Teams und die individuelle Rangposition eines Teammitglieds die von ihm wahrgenommene Effizienz innerhalb des Teams?*

Um diese Frage zu beantworten, wird daher zunächst der aktuelle Stand der Forschung zur Rang- und Gruppendynamik in Teams beschrieben und anschließend in die Forschung zur Effizienz von Teams eingeordnet. Daraus resultierend wird ein Modell zur Erfassung der rangdynamischen Position einer Person in seinem Team anhand eines Fragebogens definiert. In diesem werden verschiedene Aspekte der Gruppendynamik abgefragt, die eine Einordnung des Teams des Teilnehmers ermöglichen. Des Weiteren wird ein Instrument beschrieben, das die Effizienz des Teams quantifiziert. In der anschließenden Analyse wird das Verfahren zur Erfassung der rangdynamischen Position evaluiert und die Umfrageergebnisse mit einer Faktorenanalyse ausgewertet, die zeigen soll, wie die Gruppendynamik die Effizienz eines Teams beeinflusst.

1.2 Aufbau der Arbeit

Um den Grundstein für die folgenden Datenerhebungen und Auswertungen zu legen, beginnt diese Arbeit mit einer Literaturrecherche zu den Themenbereichen der Gruppendynamik, der sozialen Hierarchie und einer Zusammenfassung des Stands der Forschung rund um die Effektivität von Teams. Die Forschungsfrage wird im methodischen Teil dieser Arbeit in Zwischenziele und Hypothesen unterteilt anhand derer das Vorgehen zur Erstellung eines Fragebogens erläutert wird. In diesem werden zunächst Konstrukte zur Erfassung der Positionen des Rangdynamikmodells nach Vatter beschrieben.[11] Zusätzlich werden weitere Konstrukte zur Erfassung der Teameffektivität und der Gruppendynamik eingeführt. Anschließend werden die Faktorenanalysen beschrieben, die bei der Auswertung der erhobenen Daten angewendet werden.

Die Durchführung der Befragung und die Auswahl der Teilnehmer bildet die Grundlage für die folgende Analyse der Ergebnisse in der zunächst durch deskriptive

[10] Vgl. Schreyögg und Schmidt-Lellek (2015, S. 288).
[11] Vgl. Vatter und Kugler (2022).

Statistik ein Überblick über die Zusammensetzung der Stichprobe gegeben wird. Anschließend werden unter Anwendung der Faktorenanalysen Rückschlüsse auf die Grundgesamtheit angestrebt. Die Hypothesen zur Gruppendynamik werden geprüft und anhand der Ergebnisse der Analyse interpretiert.

Abschließend erfolgt eine Diskussion des Forschungsansatzes, in der die Methodik kritisch hinterfragt wird und Hinweise zur weiteren Forschung gegeben werden. Die Arbeit schließt mit einer Zusammenfassung der Erkenntnisse.

2 Theoretischer Hintergrund

Der Begriff „New Work" wurde von Frithjof Bergmann geprägt, der ein alternatives Modell zur Lohnarbeit im kapitalistischen Wirtschaftssystem entwickelte.[12] Dieses Modell stellte konkrete Anforderungen an die Arbeitswelt. Der Begriff wurde im weiteren Verlauf weiter verallgemeinert und beschreibt heute eine „grundlegende und nachhaltige Veränderung der Arbeitswelt."[13] Hackl et al. trennen dabei zwei Ebenen: Auf der gesellschaftlichen Ebene unterscheiden sie Veränderungen in den Bereichen demografischer Wandel, Globalisierung, Digitalisierung sowie einen allgemeinen Wertewandel.[14] Auf der zweiten Ebene beschreiben sie die Veränderungen im Unternehmensumfeld. Eine wesentliche Veränderung ist hier die zunehmende organisatorische Dezentralisierung, durch die weniger in klassischen Hierarchien gedacht wird. Steuermechanismen entwickeln sich von zentralen Entscheidungsinstanzen hin zu miteinander vernetzten Einheiten und Systemen, die projektbezogen und quer zu den klassischen Organisationsstrukturen arbeiten.[15]

Der effektive Einsatz von Teams hat Einfluss auf die Effektivität der gesamten Organisation. Daher kommt dem Verständnis, was ein effektives Team ausmacht eine zentrale Rolle zu.[16] Seit mehr als 60 Jahren haben sich verschiedene Disziplinen mit dem Forschungsschwerpunkt „Gruppen und Teams" beschäftigt. Dabei sind vor allem zwei Disziplinen hervorzuheben. Die Psychologie untersucht Gruppen in verschiedenen sozialen Kontexten, während die Betriebswirtschaftslehre (BWL) das Team innerhalb von Organisationen betrachtet. Die zwei Disziplinen haben jeweils verschiedene Forschungsschwerpunkte, die wiederum ihren eigenen Blick auf die Teamforschung haben (Abbildung 1). Die Sozialpsychologie versucht, Beziehungen zwischen Gruppenmitgliedern zu erklären. Die klinische Psychologie untersucht dagegen den Nutzen von Gruppen zur Diagnose und Therapie von Patienten. Die Arbeits- und Organisationspsychologie fokussiert sich auf das Verhalten der Menschen in Teams.

In der betriebswirtschaftlichen Forschung zu Teams können ebenfalls mehrere Forschungsschwerpunkte identifiziert werden, in dieser Arbeit ist dabei aber vor allem die Organisationswissenschaft relevant. Hier werden Verbesserungspotentiale für die Ablauf- und Aufbauorganisation durch optimierte Teamorganisation untersucht.[17]

---

[12] Vgl. Hackl et al. (2017, S. 3).
[13] Hackl et al. (2017, S. 3).
[14] Vgl. Hackl et al. (2017, S. 11ff.).
[15] Vgl. Hackl et al. (2017, S. 32ff.).
[16] Vgl. Guzzo und Dickson (1996, S. 327).
[17] Vgl. Räcke (S. 11f.).

Abbildung 1: Disziplinen der Teamforschung

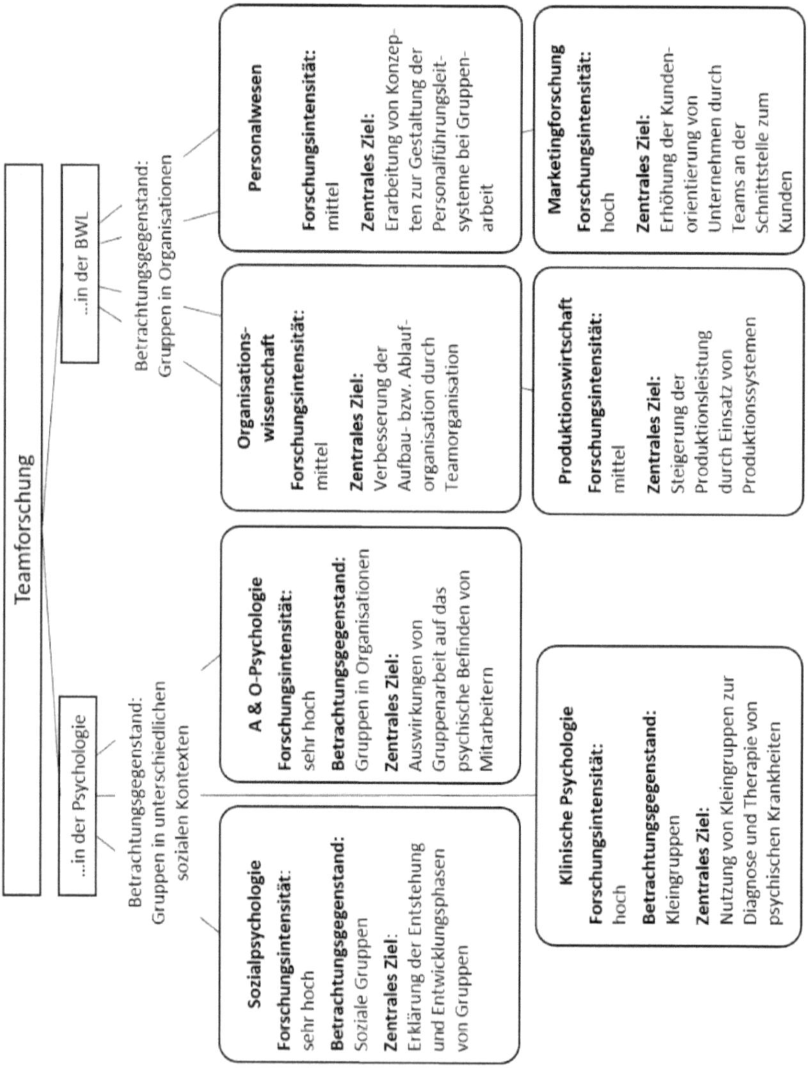

Quelle: S. Räcke Teamzusammensetzung als Determinante von Teamerfolg, 2020, S. 11

In den folgenden Kapiteln wird zunächst ein Überblick über die Begriffe Gruppe und Teams gegeben. Anschließend wird der aktuelle Stand der Forschung zur Gruppen- und Rangdynamik sowie zu formellen und informellen Hierarchien dargestellt. Abschließend wird der Stand der Forschung zur Effizienz von Teams erläutert.

2.1 Gruppen

Die Gruppe ist die Grundform des sozialen Lebens.[18] Der Gruppenbegriff wird dabei unterschiedlich definiert. Die meisten Definitionen vereint, dass es sich bei einer Gruppe um eine Mehrzahl von Personen handelt, die über einen gewissen Zeitraum miteinander agieren und die ein gemeinsames Ziel verbindet.[19]

Die Unterscheidung zwischen den Begriffen Team und Gruppe ist nicht eindeutig definiert. Da bereits der Begriff der Gruppe unterschiedlich definiert wird, sind auch hier die Übergänge fließend. So wird gerade in der sozialpsychologischen Forschung Team und Gruppe synonym verstanden. Währenddessen wird in der Organisations- und Managementforschung ein hohes Maß an Interaktion und Interdependenz zwischen den Mitgliedern als das Hauptunterscheidungsmerkmal gesehen. Es handelt sich bei einem Team um eine Gruppe von Menschen, die sich gegenseitig brauchen, um ein Ziel zu erreichen.[20] Der Teambegriff ist hier enger gefasst als der Gruppenbegriff und somit ist jedes Team eine Gruppe aber nicht jede Gruppe ein Team.

Auch wenn in dieser Arbeit oft von Gruppen und Teams die Rede ist, fokussieren sich die nachfolgenden Kapitel auf Arbeitsteams, die in einem organisationalen Kontext verortet werden. In den späteren Kapiteln dieser Arbeit wird daher beim Teambegriff der Definition von Kozlowski und Illgen[21] gefolgt. Gleichwohl werden weitere Erkenntnisse aus der allgemeinen Gruppenforschung mit aufgenommen. Diese Definition beschreibt ein Team als

1. Zwei oder mehr Individuen, die
2. Sozial miteinander interagieren (Face-to-Face oder virtuell), die
3. Ein oder mehrere gemeinsame Ziele verfolgen, die
4. Zusammen für die Organisation relevante Arbeiten durchführen, die
5. Voneinander abhängig sind, um ihre Ziele zu erreichen, die
6. Verschiedene Rollen und Verantwortlichkeiten haben, die

---

[18] Vgl. König und Schattenhofer (2020, 1.1 Abs 1).
[19] Vgl. Elbe (2016, S. 95).
[20] Vgl. Räcke (S. 13).
[21] Vgl. Kozlowski und Ilgen (2006, S. 79)

7. Gemeinsam in eine Organisation eingebettet sind, mit Grenzen und Verbindungen zum breiteren Systemkontext und Aufgabenumfeld.

Kozlowski und Bell unterstreichen dabei die Einbettung in eine Organisation. Diese Einbettung setzt Grenzen, beschränkt das Team und beeinflusst den Austausch mit anderen Bereichen in der Organisation.[22]

2.2 Gruppendynamik

> *„Überall dort, wo Menschen in Gruppen zusammen sind, gibt es Kommunikation, Interaktion, die Dynamik einer Gruppenentwicklung und Gruppenstabilisierung und Phänomene, die von dieser Dynamik beeinflusst werden. Aus dieser Präsenz der Gruppendynamik folgt auch, dass der Umgang mit ihr und den von ihr berührten Prozessen Gegenstand der Reflexion und sowohl Gegenstand als auch Anlass und Raum von gezielten oder ungezielten Lernprozessen sein kann." - Wolfgang Rechtien*[23]

Gerade im Arbeitsumfeld wird erwartet, dass Teams immer flexibler auf Änderungen der äußeren Umstände reagieren und sich situationsabhängig anpassen können. Es ist nicht mehr ausreichend sich mit dem Ziel der Gruppe zu identifizieren und sich den vorherrschenden Normen anzupassen. Es benötigt viel mehr Kompetenzen um die Gruppe verstehen zu lernen und mitzusteuern. Doch um Gruppen zu verstehen, sollten die Mitglieder zunächst lernen die Dynamik der Gruppe zu interpretieren.

Der Sozialpsychologe Kurt Lewin (1890-1947) und der Psychiater Jacov Levi Moreno (1889-1974) zählen als die Gründerväter der Gruppendynamik. Lewin untersuchte unter anderem Führungsstile und deren Einfluss auf das Gruppenverhalten in Hinblick auf Macht, Autorität und Führung.[24] Unter anderem stellte er auch die Lewinsche Feldtheorie auf. Darin beschreibt er, dass das Verhalten eines Individuums eine Funktion der Person und deren Umgebung ist.[25] Für eine detaillierte Betrachtung über das Leben und die Forschung von Kurt Lewin wird an dieser Stelle auf den Beitrag von Wheeler verwiesen.[26]

Zeitgleich formulierte Moreno das Konzept des Psychodramas, bei dem Patienten mit problematischen Beziehungen diese mit anderen Gruppenmitgliedern in der Behandlungsgruppe reinszenieren. Dabei werden die inszenierten Rollen in Bezug gesetzt zu

---

[22] Vgl. Mathieu et al. (2008, S. 411).
[23] Rechtien (2007, 91).
[24] Vgl. König und Schattenhofer (2020, Kap. 1.2 Abs. 2).
[25] Vgl. Wheeler (2008, S. 1638).
[26] Wheeler (2008).

den Herausforderungen im Leben des Patienten.[27] Er ist darüber hinaus bekannt für seine Forschung zum Thema Soziometrie, einer Methode zur Erfassung von Soziogrammen bzw. Netzwerken von Personen und ihren Sympathie- und Antipathiebeziehungen untereinander.[28] Die Beobachtungen von Lewin und Moreno wurden vor allem im klinischen Kontext gemacht. Lewins theoretische Forschung fand sogar Anwendung in der Gruppentherapie von Moreno, der so die Brücke zwischen der psychologischen Forschung und der Psychotherapie schlug. In späteren Jahren wurden die Ergebnisse der Forschung zur Gruppendynamik nicht mehr so effektiv geteilt, was zu einer Spaltung der Forschung zum Thema Gruppendynamik in der Psychologie und Therapie führte. Erst in den letzten Jahren wurde wieder vermehrt auf die Vereinigung der beiden Forschungsgebiete wert gelegt, in der Hoffnung, dass diese voneinander profitieren können. [29] Vor dem Hintergrund der Entwicklung zu agilen Organisationen und der dadurch bedingten Verbreitung von selbstorganisierten Teams, geriet die Gruppendynamik wieder stärker in den Fokus der Forschung.[30]

In der Literatur haben sich drei vorherrschende Definitionen des Begriffs Gruppendynamik herausgestellt[31] :

1. Gruppendynamik als Beschreibung und Untersuchung der Kräfte, die innerhalb einer Gruppe untereinander wirken.
2. Gruppendynamik als die wissenschaftliche Erforschung der Prozesse zur Normen- und Strukturbildung, der Interdependenzen zwischen Gruppenmitgliedern und der Beziehung zu anderen Gruppen.
3. Gruppendynamik als Verfahren und Technik zur Verdeutlichung und Beeinflussung der Dynamik in Gruppen.

Gruppendynamik passiert auf mehreren Ebenen. Zunächst die unmittelbar erfahrbare Ebene die sich aufgrund des Verhaltens der einzelnen Gruppenmitglieder zueinander ergibt. Die andere Ebene enthält die Erwartungen und Hoffnungen der individuellen Mitglieder, die ihr Verhalten unbewusst beeinflussen. Nur an der Oberfläche werden äußere Konflikte sichtbar, bei denen die Mitglieder versuchen ihren Rang und Status durchzusetzen. Dies geschieht so lange, bis sich ein stabiles Netzwerk von wechselseitigen Abhängigkeiten eingestellt hat, die von allen Mitgliedern begriffen und angenommen ist.[32] Oft wird dies als Eisbergmodell dargestellt, bei dem nur ein kleiner Teil des Geschehens in der Gruppe „über dem Wasserspiegel liegt", also beobachtbar ist. Je weiter das latente Geschehen in den unteren Ebenen liegt, desto schwieriger ist es zu kommunizieren und desto weniger ist es dem betroffenen Mitglied überhaupt

[27] Vgl. König (2012, S. 14).
[28] Vgl. Marcus (2021, S. 250).
[29] Vgl. Tasca (2021, S. 206).
[30] Vgl. Vgl. Kozlowski und Bell (2003, S. 4ff.)., Bachmann (2022).
[31] Vgl. König und Schattenhofer (2020, Kap 1.2 Abs 4).
[32] Vgl. Brocher (2015, S. 37ff.).

bewusst.[33] König und Schattenhofer beschreiben das Modell von French und Bell[34] als Beobachtungsschema zum Verständnis von Gruppenprozessen.[35]

Um die Gruppendynamik einer Gruppe zu beschreiben, stellte Amann 2003 das Modell des gruppendynamischen Raums (*Group dynamic space*, GDS) vor. Das Modell beschreibt soziale Systeme in drei Dimensionen. Damit kann die Komplexität der Gruppenbeobachtung besser strukturiert werden. Die drei Dimensionen des gruppendynamischen Raumes sind Zugehörigkeit, Macht und Intimität. Die erste Dimension (Zugehörigkeit) ist konstituierend für jede Gruppe und entscheidet, welche Personen Teil der Gruppe sind und welche nicht. Aber auch innerhalb der Gruppe kann es verschiedene Zugehörigkeiten geben. So kann es innerhalb der Gruppe noch eine Kerngruppe und damit auch eine Randgruppe geben.[36] Die zweite Dimension (Macht) ist Bestandteil jeder sozialen Beziehung. Im Kontext des Modells beschreibt sie die soziale Ordnung der Gruppe. Die Macht eines Gruppenmitglieds ist dabei immer relativ zu der der anderen Mitgliedern zu sehen. Typischerweise gestaltet sich die Macht innerhalb von Gruppen innerhalb von zwei Formen. Durch die Bildung einer Hierarchie oder durch die Bildung von Normen des Umgangs miteinander.[37] Beide können formal vorgegeben werden z.B. durch die Einbindung in ein Unternehmen und dessen Organisation. Alternativ können sie sich informell ausbilden, innerhalb des von der Umgebung vorgegebenen Rahmens.[38] Die letzte Dimension bezieht sich auf die Nähe oder Distanz innerhalb der Gruppe (Intimität). Sie beschreibt, ob die Mitglieder voneinander Abstand halten, sehr sachbezogen agieren und sich auf die notwendigen Tätigkeiten beschränken oder auch außerhalb ihrer angestammten Tätigkeit miteinander in Kontakt treten.[39]

Der gruppendynamische Raum ist ein wirksames Modell, um die Konflikte in Gruppen zuordnen zu können, Probleme treffend zu beschreiben und um anschließend Interventionen abzuleiten.[40] Das beschriebene Modell hilft dabei Prozesse innerhalb der Gruppe zu beobachten, erklärt sie allerdings nicht. Ein Ansatz, die Dynamik innerhalb der Gruppe zu erklären wird im nächsten Kapitel erläutert.

2.2.1 Rangdynamisches Positionsmodell nach Schindler

Raoul Schindler wurde bekannt für seine breit gefächerte Forschung zu Gruppen, Gruppenwirkung auf das Individuum bis hin zu gesellschaftlichen Gruppenprozessen. Als einer der ersten Psychiater Österreichs nutzte er dabei Gruppen für die Wiederein-

[33] Vgl. König und Schattenhofer (2020, Kap 3.2.1).
[34] French und Bell (1994).
[35] Vgl. König und Schattenhofer (2020, Kap 3.2.1).
[36] Vgl. König (2012, S. 31).
[37] Vgl. König (2012, S. 32f.).
[38] Vgl. König und Schattenhofer (2020, Kap. 4.2 Abs 2).
[39] Vgl. König und Schattenhofer (2020, Kap. 4.3 Abs. 1).
[40] Vgl. Bachmann (2015, S. 296).

gliederung von schizophrenen Patienten. Dabei war er davon überzeugt, dass psychische Erkrankungen zu einem gewissen Grad eine Reaktion auf das gruppendynamische Geschehen innerhalb der Familiengruppe sind. Daher konzipierte er mit Kollegen der Wiener Universitätsklinik die bifokale Familientherapie. In der Therapie wurde die Dynamik der Familiengruppe so beeinflusst, dass sich ein neues Gleichgewicht einstellt. Damit konnte den schizophrenen Patienten geholfen werden wieder ein eigenständiges Leben zu führen. Da die Dynamik in Gruppen mit schizophrenen Patienten verlangsamt abläuft, konnte er die Gruppenkonstellationen und Strukturen innerhalb der Gruppe sehr genau analysieren. Mit dieser Erfahrung entwickelte Schindler das rangdynamische Positionsmodell. Auch wenn das Modell mit Kleingruppen aus der Psychiatrie entwickelt wurde, wurde es später nicht nur auf psychotherapeutische Gruppen angewandt. Es findet Verwendung bei Gruppen jeder Art, aus Wirtschaft, Pädagogik oder Politik.[41]

In dem Modell beschreibt Schindler vier Positionen.[42] Die Positionen sind nicht gleichzusetzen mit den Persönlichkeiten der Mitglieder, sondern sind eher als Funktionen innerhalb der Gruppe zu verstehen. Sie können von den betroffenen Personen auch verlassen werden. Man kann sich diese also wie verschiedene Positionen auf dem Fußballplatz vorstellen, in die man je nach Situation im Team wechseln kann. Das Modell beschreibt eine interne Struktur der Gruppe, die benötigt wird, um die Aufgabe der Gruppe zu erfüllen. Die Aufgabe wird in Schindlers Ausführungen als „Das Gegenüber“ bezeichnet und steht bildlich für den gemeinsamen Feind der Gruppe.[43]

Alpha-Position – Der Führer

Der Alpha repräsentiert die Gruppe nach außen und ist der Führer der Gruppe. Er hat volle Unabhängigkeit und kann sich authentisch verhalten, da er seine Ziele zu den Zielen der Gruppe macht.

Er ist schicksalhaft mit der Gruppe verbunden. Falls darüber Zweifel aufkommen, wird die Gruppe ängstlich und die Unsicherheit kann sich in revolutionärer Aggression der Gruppe ausleben. Ein Alpha agiert, er argumentiert nicht, und beeinflusst die Gruppe von Gamma Individuen, sodass diese sich mit ihm identifizieren. Er definiert das Bild des Gegenübers innerhalb der Gruppe. Die Gruppe erwartet von ihm, dass er die Aggression gegenüber dem Gegenüber deutlich macht.

[41] Vgl. Schindler (2016, S. 49).
[42] Vgl. Schindler (2016, S. 106).
[43] Vgl. Bachmann (2022, S. 3).

Beta-Position – Der Fachmann

Um sich für diese Position zu qualifizieren, muss das Mitglied Sachkenntnis im Zielbereich der Gruppe besitzen. Der Beta berät die Gruppe und leitet sie an. Seine Autorität als Spezialist auf dem Sachgebiet bleibt dabei unangefochten. Im Gegensatz zum Alpha muss er allerdings etwas leisten und vorweisen können, ist dafür aber nicht schicksalhaft an die Gruppe gebunden. Seine Bindung zur Gruppe verläuft indirekt über den Alpha, der ihn anerkennen muss und seine Vorschläge übernimmt. Falls die Gruppe ihren Alpha stürzt, wird er oft mitgerissen, oder wird vom Alpha als Sündenbock für den Misserfolg der Gruppe geopfert. Durch seine Selbstständigkeit und exponierte Stellung kann es aber auch sein, dass er sich gegen den Alpha stellt und die revolutionäre Gegenbewegung leitet in der Annahme anschließend selbst Alpha zu werden.

Gamma-Position – Das Mitglied

Diese Position ermöglicht eine anonyme Mitgliedschaft in der Gruppe. In ihr kann die eigene Persönlichkeit vor der Gruppe versteckt werden, da Gammas als ein Kollektiv gesehen werden. Sie müssen sich lediglich mit dem Alpha und seinen Zielen identifizieren. Gammas sind die Arbeitstiere der Gruppe. Diese Position trägt die Leistung der Gruppe ist allerdings nicht mit der Willensbildung belastet und erlebt daher die Arbeit als mühelos. Wenn Überforderung eintritt, wird über den Austritt aus der Gruppe nachgedacht. Der Alpha kann dem durch sein gruppenbetonendes Auftreten entgegenwirken. Gammas zeigen Aggressionen sowohl gegen das Gegenüber als auch gegen den Omega, da er die Führungsposition des Alphas in Frage stellt.

Omega-Position – Der Prügelknabe

Sie dient der Repräsentation des Feindes innerhalb der Gruppe. Der Omega wendet sich affektiv gegen den Alpha dessen Aggression auf ihn projiziert wird. Er zeigt Eigenschaften des Gegenübers, allerdings versagt er bei Auseinandersetzungen mit der Gruppe. Damit erfüllt er eine wesentliche Aufgabe für die Gruppendynamik.[44]

---

[44] Vgl. Schindler (2016, S. 106f.).

Abbildung 2: Schindlers Rangdynamikmodell

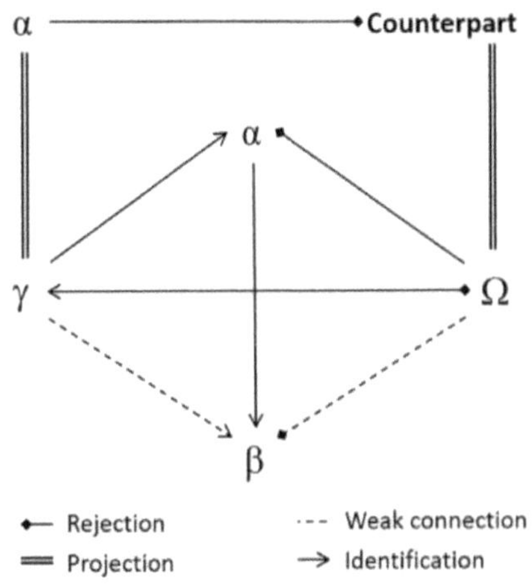

Quelle: Bachmann, T.: Functional Group Positions and Contact Behavior in Problem-Solving Groups, 2022, S.2

Die Gruppe wird durch eine nach außen gerichtete, gemeinsame Dynamik geeinigt. Aber auch innerhalb der Gruppe gibt es ständige affektive Handlungen, die für den Zusammenhalt der Gruppe sorgen. Bereits in der ersten Beschreibung seines Modells berichtet Schindler, dass Gruppen einen sehr dynamischen Charakter haben und aufgrund „des fluktuierenden Übergehens in andere Zustände schwer zu beobachten“[45] sei. Für Einzelpersonen innerhalb der Gruppe bedeutet das, dass sie häufig die Rolle wechseln. Schindler nennt "Erstarrung" in einer Rolle als krankmachend, da sie die Mitglieder zueinander festlegt und die Verhaltensweisen auf die eigenen Rollen einschränkt. Schindler beobachtete dieses Verhalten oft in seinen Patienten. Die Therapie richtete sich dann darauf, den elastischen Wechsel der Position zu erlernen.[46]

2.2.2 Erweiterungen des Modells

Schindlers Modell wurde trotz der großen Popularität im deutschsprachigen Raum über lange Zeit kaum empirisch untersucht. Bachmann unterstellte, dass dies an der schwierigen Operationalisierung der Positionen liegt und versuchte selbst die Existenz der Positionen des Rangdynamischen Modells innerhalb von Gruppen zu belegen.

[45] Schindler (2016, S. 106).
[46] Vgl. Schindler (2016, S. 50).

Dazu wurden Teilnehmer in einem Experiment dazu aufgefordert sich nach einer Gruppenaufgabe gegenseitig anhand der drei Dimensionen des GDS zu bewerten. Mit den Ergebnissen führte er eine Clusteranalyse durch, die zeigte, dass er die Teilnehmer in fünf signifikante Cluster einteilen kann. Diese Cluster unterscheiden sich allerdings von den Positionen des Schindler Modells. Zunächst findet sich die Beta-Position weniger als Experte, sondern eher als Vertrauensperson innerhalb der Gruppe.

Des Weiteren unterscheidet Bachmann die aktive und passive Omega-Position. Die aktive Omega- Position widerspricht dabei der gängigen Meinung und vertritt diese vor der Gruppe. Die passive Omega-Position ist bereits als Außenseiter gekennzeichnet und hält sich mit Meinungsäußerungen zurück, diese Position ist daher auch kaum mehr mit dem Rest der Gruppe verbunden.[47]

2.2.3 Erweitertes Rangdynamisches Positionsmodell nach Vatter

Aufgrund seiner langjährigen Beobachtungen von dysfunktionalen und kompetitiven Gruppen nahm Vatter das Modell Schindlers als Grundlage um Annahmen darüber aufzustellen, wie sich die rangdynamischen Verhaltensweisen in der modernen Arbeitswelt auswirken. Eine Annahme ist, dass rangdynamisches Verhalten in der Organisation den Erfolg von Change-Management-Prozessen im Arbeitsumfeld wesentlich beeinflusst.[48]

Dabei geht er davon aus, dass der Rang innerhalb der Gruppe eine zentrale Bedeutung für die Zuweisung von Ressourcen hat und Gruppenmitglieder dadurch motiviert werden in der informellen Hierarchie aufzusteigen. Basierend auf ihrer Prägung und Persönlichkeit bedienen sich die Mitglieder verschiedener Strategien um sich Positionen[49] innerhalb des Teams anzueignen. Ist die angestrebte Position im Team bereits ausreichend vertreten kommt es zu Rangkonflikten.[50]

Das Individuum, dass sich nach den Rangkonflikten durchsetzt, definiert laut Vatter die moralische Norm und entscheidet, welches Verhalten innerhalb des Teams zur Beilegung von rangdynamischen Konflikten erlaubt ist. Aus dieser Festlegung ergibt sich anschließend auch ob sich ein kooperatives oder kompetitives Zusammenarbeiten im Team ergibt.[51] Diese Annahmen stellen somit den Konflikt um den individuellen Rang in den Vordergrund.

---

[47] Vgl. Bachmann (2022, S. 10).
[48] Vgl. Vatter (2022, S. 4).
[49] Vatter und Kugler nutzen in ihrer Arbeit den Begriff „Rolle“ zur Beschreibung des Rangmodells. Aufgrund der uneinheitlichen Definition im Gruppenkontext, (z.B. Gruppenrollen nach Belbin) wird in dieser Arbeit, wie bereits von Schindler und Bachmann geprägt, der Begriff „Position“ genutzt.
[50] Vgl. Vatter und Kugler (2022).
[51] Vgl. Vatter (2022, S. 19).

In seinem Modell unterscheidet Vatter das Basis-Modell, in dem fünf Positionen ähnlich dem von Bachmann vorgestellten Modell definiert werden. Die Beschreibungen Strategien und der psychologischen Fähigkeiten der einzelnen Positionen nach Vatter sind in Tabelle 1 dargestellt.[52]

Ziel der Arbeit war, Handlungsempfehlungen für Führungskräfte abzuleiten, wie sie kooperative Arbeitsatmosphären in agilen Organisationen etablieren können, basierend darauf, dass sich die Teammitglieder dieser Rangdynamischen Prozesse zunächst bewusstwerden müssen.

In der Arbeit wird das Modell vorgestellt, mit dem Hinweis, dass es noch empirisch validiert werden müsse. In zwei darauffolgenden Masterarbeiten von Diszlberger und Geckert wurde unter verschiedenen Gesichtspunkten untersucht.

Diszlberger arbeitet in seiner Arbeit eine Methodik aus, die die Existenz der verschiedenen Positionen im Basis Modell nach Vatter empirisch belegen soll. Dazu nutzt er in seiner Arbeit einen empirischen Fragebogen, in dem Personen nach einer Einschät-

Tabelle 1: Charakteristika des Rangdynamik Modells nach Vatter

Rolle	Strategie / zentrales Motiv	Individuelle Fähigkeit	Beitrag zur Gruppe
Alpha	Führung, Durchsetzung	Entschlossenheit, Durchsetzungsfähigkeit, Kampfbereitschaft	Führung, Übernahme von Verantwortung, z.B. bei konfliktreichen Entscheidungen
Beta	Delegation seiner Interessen durch Beeinflussung des Alpha	Empathie, soziales Geschick, Humor, Anpassungsfähigkeit	Fördert sozialen Zusammenhalt, reguliert negative Emotion (insb. des Alpha)
Delta	Zugehörigkeit durch Arbeitsleistung	Anpassungsfähigkeit, Fleiß, Loyalität, Gewissenhaftigkeit	Arbeitsleistung, Pflichterfüllung
Gamma	Führungsanspruch durch Rebellion, Umverteilung von Ressourcen	Intelligenz Innovations- und Risikobereitschaft	Erneuerung und Innovationsbereitschaft
Omega	Überleben	Ggf. Leidensfähigkeit	Aufopfern von Ressourcen, Ggf. Gradmesser der Kooperationsbereitschaft der Gruppe

Quelle: Vatter P., Kugler M., Informelle Hierarchie - Rangdynamische Konflikte als Ursache dysfunktionalen Verhaltens am Arbeitsplatz, 2022

[52] Vgl. Vatter (2022, S. 9).

zung verschiedener Persönlichkeitseigenschaften innerhalb ihres Gruppensettings gefragt wurden. Anschließend wurde versucht mit einer Clusteranalyse nachzuweisen, dass es fünf Cluster gibt. Die nicht signifikanten Ergebnisse wurden anschließend noch einmal qualitativ charakterisiert. Dort konnte gezeigt werden, dass die Cluster mit den beschriebenen Positionen des Basis-Modells nach Vatter ungefähr übereinstimmen. Es wurde allerdings darauf hingewiesen, dass durch die eindimensionale Betrachtung der Ergebnisse und aufgrund der Selbsteinschätzung der Probanden Verzerrungen auftreten können.[53]

Geckert untersucht, welche Methodik eingesetzt werden kann, um in rangdynamischen Prozessen Rollen und Verhaltensmuster zuverlässig zu identifizieren. Dabei ist ein Konzept zur Untersuchung von Gruppen entstanden, in dem eine Gruppenbeobachtung während eines Planspiels durchgeführt wird. Während des Planspiels wurden verschiedene Interaktionen zwischen den Teilnehmern bewertet, um sie anschließend in die verschiedenen Positionen nach Vatters Basis-Modell einzuordnen.[54]

Wie bereits beschrieben werden Rangdynamik und Gruppendynamik vor allem im Kontext von psychologischer und psychotherapeutischer Forschung untersucht, die Ergebnisse sind aber auch relevant für die Organisationsforschung. Im folgenden Kapitel wird daher ein Überblick über verschiedene Ansätze der Forschung zu Hierarchien in Gruppen und Teams gegeben.

2.3 Soziale Hierarchie

Damit eine Gruppe Erfolg haben kann, müssen die Mitglieder bereit sein ihre persönlichen Bedürfnisse und Wünsche für das Wohl der Gruppe zurückzustellen. Dazu muss innerhalb der Gruppe zunächst definiert werden, was das Wohl der Gruppe ist.

Seit jeher und durch alle Gesellschaftsschichten hindurch hatten Menschen in Gruppen unterschiedliche Ränge inne. Die Rangordnung basiert dabei auf Unterschieden im sozialen Status der Mitglieder innerhalb der Gruppe. Durch diesen Rang wird die Zuweisung von Ressourcen und Belohnungen innerhalb der Gruppe gesteuert. Diese ungleiche Verteilung der Ressourcen auf Führer und Mitglieder mit besonderen Fähigkeiten stellt dabei das Überleben der Gruppe sicher. So wurden in Gruppen der Altsteinzeit, Ressourcen auf die Stammführer, Schamanen und die besten Jäger verteilt, also Mitgliedern die essenziell zum Überleben der Gruppe beitragen. Gleichzeitig trägt eine solche Rangordnung dazu bei, die interne Ordnung der Gruppe zu erhalten, indem Gruppennormen und Gehorsamkeit bei Gruppenmitgliedern mit niedrigem

[53] Vgl. Diszlberger (2022, S. 68f.).
[54] Vgl. Geckert (2022, S. 81ff.).

Status durchgesetzt werden.[55] Diese Rangordnung wird auch Hierarchie genannt. Personen, die sich weiter oben in der Hierarchie befinden haben mehr Macht und verfügen damit über die Ressourcen, die es in der Gruppe zu verteilen gilt.[56]

2.3.1 Formelle und informelle Hierarchien

In den meisten Unternehmen gibt es eine ausgeprägte Hierarchie, um das Unternehmen zu steuern und kontrollieren.

Formelle Hierarchien werden oft synonym mit der Aufbauorganisation gesehen. In diesem Kontext beschreibt die formelle Hierarchie die Zuweisung von offiziellen Positionen innerhalb einer organisatorischen Struktur, in der jede Position unter der Kontrolle einer anderen steht. Soziale Beziehungen innerhalb der Organisation sind dabei formalisiert und in erster Linie als hierarchische Abhängigkeiten definiert.[57]

Es zeigt sich allerdings, dass auch ohne die formellen Positionen eine soziale Hierarchie unvermeidlich ist. In Gruppen ohne vorgegebene Hierarchie wird ein Mitglied mit gewissen Persönlichkeitseigenschaften und Verhaltensweisen diese Lücke füllen. Wenn mehrere Mitglieder zeitgleich nach einem höheren Status streben, werden oft diejenigen einen höheren Rang in der Hierarchie einnehmen, die gruppenorientiert sind und Allianzen mit anderen schmieden.[58] Der Prozess der Hierarchiebildung passiert dabei auf Grundlage der „gegenseitigen Beurteilung über Kompetenz, Reputation und Macht der anderen Gruppenmitglieder".[59] Oedzes zeigte, dass Gruppen ohne formelle Führung eine stärkere informelle Hierarchie ausbilden als Gruppen mit einer formellen Führungskraft.[60] Im nächsten Abschnitt soll darauf ein gegangen werden, was stärkere oder schwächere Hierarchien ausmacht.

2.3.2 Quantifizierung von Hierarchiestärken

Um Effekte von Hierarchien zu vergleichen, muss zunächst das Konzept von Hierarchien operationalisiert werden. In einem Review von Bunderson et al. wurde dazu 24 Studien auf ihre Konzepte der Hierarchie untersucht. In diesen Studien wurde die Wirkung von Hierarchien auf Effekte wie Kooperation und Performance untersucht. In dem Review wurde davon ausgegangen, dass die verschiedenen Ergebnisse davon stammen könnten, dass unterschiedliche Operationalisierungen von Hierarchie zur Messung genutzt wurden. Da die untersuchten Studien oft unterschiedliche Definitionen der sozialen Hierarchie heranzogen oder aufstellten, wurden die Studien anhand

[55] Vgl. Overbeck et al. (S. 175).
[56] Vgl. Keltner et al. (2003, S. 265).
[57] Vgl. Diefenbach und Sillince (2011, S. 1517).
[58] Vgl. Overbeck et al. (S. 187).
[59] Abrell (2021, S. 104).
[60] Vgl. Oedzes et al. (2019, S. 316).

deren Ansätze der Operationalisierung von Hierarchie unterteilt. In diesem Vergleich unterscheiden die Autoren zwei grundsätzlich verschiedene Ansätze unterscheiden: Inequality und Acyclicity.[61]

21 der 24 untersuchten Studien nutzten den Ansatz der Ungleichheit (Inequality) zwischen Teammitgliedern. Dabei werden die Unterschiede in sozialen Charakteristika wie Macht, Status oder Privileg zwischen Mitgliedern gemessen, um die soziale Hierarchie zu charakterisieren. Größere Unterschiede deuten auf stärkere Hierarchien hin. Dabei kann entweder die Zentralisierung (Centralization) der Gruppe oder die Steilheit (Steepness) der Hierarchie quantifiziert werden.

Bei der Zentralisierung wird angenommen, dass Hierarchie die Konzentration von Macht und Status auf eines oder wenige Mitglieder der Gruppe ist. Es wird ein Distanzmaß genutzt, um die Unterschiede dieser Konzentration zwischen den Mitgliedern zu berechnen. Die Zentralisierung ist daher maximiert, wenn ein Mitglied das Maximum erreicht, während alle anderen das Minimum auf einer der Dimensionen erreichen. Minimiert wird die Zentralisierung, wenn alle Mitglieder die gleiche Konzentration aufweisen.

Bei der Steilheit wird hingegen auf die Ungleichheit der Ausprägung verschiedener Charakteristika zwischen Mitgliedern zurückgegriffen. Während bei der Zentralisierung mit einer Konzentration von Macht und Status auf einzelnen Gruppenmitgliedern gearbeitet wird, wird bei der Steilheit die aggregierte absolute Differenz zwischen den Charakteristika gemessen. Die Steilheit wird daher maximiert, wenn die Hälfte der Gruppe eine maximale Ausprägung und die andere eine minimale Ausprägung der untersuchten Charakteristik zeigt.[62]

Beim Ansatz der azyklischen Dominanz (Acyclicity) werden Mitglieder paarweise untersucht, und aufgezeichnet welches Mitglied das andere dominiert. Eine Gruppe ist dann stärker hierarchisch, wenn eine Person alle Mitglieder dominiert, die zweite alle außer der ersten und so weiter. Dieser Ansatz stammt aus der Verhaltensforschung von Tieren und wurde in den letzten Jahren immer wieder auf menschliche Gruppen übertragen.[63] Dabei wurde festgestellt, dass die Mechanismen der Dominanz anders als in der Tierwelt nicht physisch sind, sondern eher darauf beruhen, wer von wem beeinflusst wird. Anderseits wurde herausgefunden, dass es bei der Hierarchiebildung vor allem darauf ankommt, dass keine zyklischen Abhängigkeiten von Mitgliedern entstehen, die sich gegenseitig beeinflussen. In perfekten, kaskadierenden oder

[61] Vgl. Bunderson et al. (2016, S. 1266).
[62] Vgl. Bunderson et al. (2016, S. 1266f.).
[63] Vgl. Bunderson et al. (2016, S. 1268).

azyklischen Hierarchien gibt es eine klare Kette, die definiert wer von wem beeinflusst wird, und diese können als gerichtete azyklische Graphen dargestellt werden.[64]

Bisher wurden Konzepte erläutert, die eine Vergleichbarkeit von Teamhierarchien ermöglichen, allerdings wurde bisher die Messbarkeit nicht genauer beschrieben. Die azyklische Dominanz, Zentralisierung und Steilheit können alle mit einem Experiment bestimmt werden. Dazu wird allen Teammitgliedern eine Liste mit den Namen der anderen Mitglieder vorgelegt und zu jedem Namen gefragt, ob diese Person Einfluss auf einen selbst ausübt (Orginal: „This person exerts influence over me“). Die drei Antwortmöglichkeiten sind dabei vorgegeben als „Gar nicht“, „ein wenig“, und „in großem Maße“ (Original: „not at all“, „somewhat“ und „to a large extend“).[65] Hierbei wird darauf Wert gelegt, dass der Beeinflusste zugibt, dass jemand anders auf ihn Einfluss ausübt und nicht andersherum, um einer Selbstüberschätzung vorzubeugen. Die drei Antwortmöglichkeiten können anschließend zu einer dichotomen Variablen umcodiert werden, in der lediglich unterschieden wurde, ob ein anderes Mitglied Einfluss ausübt oder nicht.

Aus der aus den zusammengefassten Antworten der Teammitglieder entstehenden Matrix, kann die azyklische Dominanz ***A*** mit der von Krackhardt beschriebenen Hierarchieformel berechnet werden.[66] Dazu werden sämtliche Zweierbeziehungen (Dyaden) auf Symmetrie untersucht. Direkte Symmetrie liegt vor, wenn Mitglied X angibt von Y beeinflusst zu werden und Y gleichzeitig von X beeinflusst wird. Indirekte Symmetrie bedeutet, dass X angibt von Y beeinflusst zu werden, Y von Z und Z wiederum von X beeinflusst wird (Abbildung 3)

$$A = 1 - \frac{V}{\max(V)}$$

In der Hierarchieformel steht V dabei für die Anzahl der direkt oder indirekt symmetrischen Einflussbeziehungen, während $\max(V)$ für die Gesamtzahl der betrachteten Beziehungen steht. A kann somit Werte zwischen 0 („keine Hierarchie, da alle Beziehungen symmetrisch sind“) bis 1 („starke Hierarchie, keine zyklischen Abhängigkeiten“) annehmen.

[64] Vgl. Bunderson et al. (2016, S. 1267f.).
[65] Vgl. Bunderson et al. (2016, S. 1273).
[66] Vgl. Krackhardt (2014, S. 97).

Abbildung 3: Symmetrien in Zweierbeziehungen

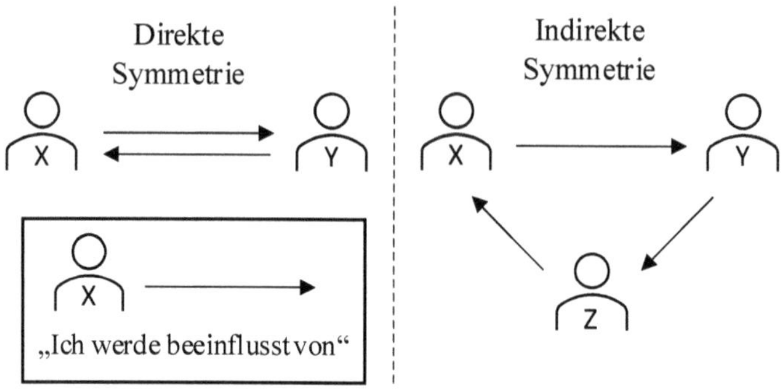

Quelle: Eigene Darstellung

Zentralisierung kann mittels Freemans Zentralisierungsindex berechnet werden. Dabei beschreibt c_i den Einflussscore des Teammitglieds i. Der Einflussscore ist die Anzahl der Teammitglieder, die angeben, von Teammitglied i beeinflusst zu werden. c_{max} gibt dabei den höchsten Einflusscore im Team an. n ist die Anzahl der Teammitglieder im Team.

$$Z = \sum_{i=1}^{n} \frac{c_{max} - c_i}{(n-1)^2}$$

Die Steilheit kann als die Standardabweichung der Einflusscores im Team berechnet werden.[67] Diese Scores können anschließend genutzt werden, um die Hierarchie im Team zu beschreiben und mit anderen Teams zu vergleichen.

2.4 Stand der Forschung zur Effektivität von Teams

Um später eine Aussage über die Effektivität der Teams der untersuchten Probanden treffen zu können, soll in diesem Kapitel zunächst der Stand der Forschung zu Effektivität von Teams beschrieben werden. Grundsätzlich stellt sich die Frage, ab wann ein Team als effektiv bzw. performant bezeichnet werden kann und wie dies messbar gemacht werden kann. In diesem Kapitel sollen daher verschiedene Frameworks zur Beschreibung von Teameffektivität vorgestellt werden. Anschließend soll die Operationalisierung dieser Frameworks aufgezeigt werden.

[67] Vgl. Bunderson et al. (2016, S. 1275).

In vielen Fällen denkt man bei der Beschreibung der Effektivität von Teams, zunächst an die Performance und Zielerreichung. Ein Team, das alle ihm gestellte Aufgaben fristgerecht abgearbeitet hat, ist performant, aber nicht zwingend effektiv.

Performance ist die am meisten untersuchte Kriteriumsvariable in der Literatur zum Organisationsverhalten und Personalmanagement.[68] Auch die Gruppenleistung wird häufig mit Kriterien gemessen, die für Organisationen von zentraler Bedeutung sind, darunter Produktivität, Effizienz und Innovation. In vielen Organisationen werden Teams als effektiver betrachtet je besser sie Ziele erreichen.[69] Dies birgt die Gefahr, dass die Effektivität nur an der Zielerreichung gemessen wird und die anderen Faktoren, wie die Überlebensfähigkeit des Teams oder auch die Flexibilität des Teams, übersehen werden.[70]

Laut Hackman und Walton hängt die Effektivität einer Gruppe von ihrer Position in den folgenden drei Dimensionen ab.[71] Die Leistungsdimension beschreibt das Maß, in dem die Resultate des Teams den Anforderungen der Abnehmer entsprechen. Darunter fällt beispielsweise, ob in entsprechender Quantität geliefert wird, ob die Resultate den Qualitätsstandards entsprechen und ob das Team rechtzeitig Resultate liefert. Die Dimension der Kooperation beschreibt die Fähigkeit, auch weiterhin in gegenseitiger Abhängigkeit zusammenzuarbeiten. Manche Gruppen verhalten sich während der Zusammenarbeit so destruktiv, dass eine weitere Zusammenarbeit nach der Verrichtung der initialen Aufgabe nicht mehr möglich ist. Die letzte Dimension beschreibt, wie die Erfahrung der Arbeit in der Gruppe zur individuellen Weiterentwicklung beiträgt. Gruppen die ihr Wissen teilen und die Mitglieder beim kontinuierlichen Lernen unterstützen sind flexibler und können sich besser an neue Umweltbedingungen anpassen. Oft wird das individuelle Lernen auch als ein Grundbedürfnis der Teammitglieder gesehen.

Die Dimensionen müssen in verschiedenen Situationen unterschiedlich gewichtet werden. Ein Projektteam, welches für eine bestimmte Aktivität von hoher Dringlichkeit zusammengestellt wurde, muss weniger Augenmerk auf die zweite Dimension legen.[72] Ein Softwareentwicklungsteam, dass über Jahre eng zusammenarbeitet, wird mehr Zeit mit der Pflege der Intra-Team-Beziehungen verbringen.

2.4.1 Modelle der Teameffektivität

Um den Stellenwert von Gruppeninteraktionen und der Einfluss auf die Teameffektivität besser darzustellen, wurden über die Jahre verschiedene Modelle entworfen. Das

---

[68] Vgl. Bommer et al. (1995, S. 587).
[69] Vgl. Schuler und Moser (2019, S. 192).
[70] Vgl. Schuler und Moser (2019, S. 192).
[71] Vgl. Hackman und Walton (1985, S. 8ff.).
[72] Vgl. Schuler und Moser (2019, S. 192).

erste hier beschriebene Modell ist ein gut erforschtes und ständig weiterentwickeltes theoretisches Modell, um Gruppeninteraktionen und deren Einfluss auf Teameffektivität zu beschreiben. Zwei weitere Modelle sind eher populärwissenschaftlich, stellen dabei aber konkrete Handlungsempfehlungen auf.

Input-Process-Output Framework

Bereits in den 1970er-Jahren beschrieb McGrath das Input-Process-Output (IPO) Framework.[73] Er befand, dass die Forschung sich bis dahin zu sehr mit den Faktoren der Teamzusammensetzung, der Teamstruktur oder verschiedenen Belohnungssysteme auseinandergesetzt hat und daher oft nur dieser Einfluss auf die Performance von Teams untersucht wurde. McGrath erkannte, dass die Forschung sich mehr auf die Mediationsprozesse fokussieren müsse. Diese beschreiben, warum ein bestimmter Faktor einen Einfluss auf die Teameffektivität hat.

Er definierte drei Faktoren (*Input*), die Interaktionen im Team ermöglichen aber auch beschränken. Dazu zählt er die

- Charaktereigenschaften der individuellen Teammitglieder (Kompetenzen und Persönlichkeit)
- Teamfaktoren (Struktur der Aufgabe oder Einfluss von externer Führung)
- Organisationsbezogenen und kontextuellen Faktoren (Belohnungssysteme, Struktur der Aufbau- und Ablauforganisation)

Diese Faktoren bilden die Grundlage für Teamprozesse (*Process*), die die Interaktionen der Mitglieder im Hinblick auf die Erfüllung der Aufgaben beschreiben. Diese Prozesse werden explizit beschrieben, da sie erklären, wie der Input des Teams in Ergebnisse umgewandelt wird. Konzeptionell beschreiben Prozesse somit, wie Teammitglieder ihre individuellen Ressourcen kombinieren, also ihr Wissen und ihre Fähigkeiten, um die Aufgaben zu erfüllen.[74]

Die Ergebnisse (*Output*) umfassen sowohl die Resultate des Teams als auch die Nebenprodukte der Teamaktivitäten, wie Gruppenzufriedenheit und Erfüllung der individuellen Bedürfnisse, Engagement und Gruppenüberleben, bzw. der Wille der Teammitglieder weiterhin ein Teil des Teams zu bleiben.[75]

[73] McGrath (1964).
[74] Vgl. Kozlowski und Ilgen (2006, S. 81).
[75] Vgl. Mathieu et al. (2008, S. 412).

Abbildung 4: IPO-Modell von McGrath

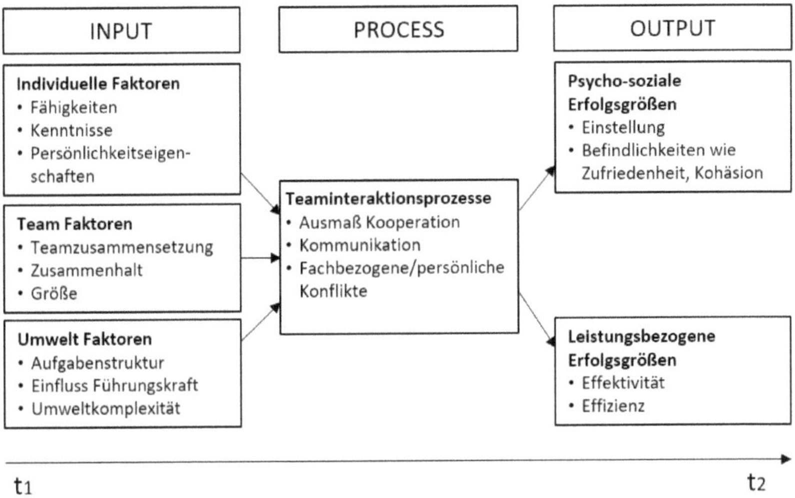

Quelle: Räcke, S., Teamzusammensetzung als Determinante von Teamerfolg, 2020, S. 20

Das Framework hatte einen signifikanten Einfluss auf die Forschung und wurde mehrfach von Forschern erweitert. Hier zu erwähnen sind die Erweiterungen von Cohen und Bailey, die Umwelteinflüsse detaillierter beschrieben und in ihrem Modell den Einfluss von gruppenpsychologischen Merkmalen betrachten, wie gemeinsame Normen oder mentale Modelle.[76] Hackman und Morris erweiterten das Modell um eine zeitliche Komponente, die dazu dienen soll, einen Zustand zu beschreiben, in dem sich das Team befindet.[77]

Ilgen et al. bezeichneten 2005 das IPO-Framework als nicht mehr zeitgemäß, da es die Komplexität der Teams nicht ausreichend abbilden würde. Zunächst wären die moderierenden Faktoren, die den Team-Input in Output übersetzen nicht lediglich Prozesse, sondern auch kognitive Zustände des Teams die sich im Laufe der Zusammenarbeit entwickeln.[78] Dazu zählen unter anderem das Transactive Memory System als die Gesamtheit des Wissens, das im Team verfügbar ist, aber auch das Wissen darüber, wer im Team zu welchen Themen Wissen hat.[79]

Somit kann das Modell verschiedene Aspekte der Variabilität der Teamperformance nicht erklären. Des Weiteren kritisierten sie, dass das IPO-Framework lediglich einen

[76] Vgl. Cohen und Bailey (1997, S. 244f.).
[77] Vgl. Hackman und Morris (1975, S. 5).
[78] Vgl. Ilgen et al. (2005, S. 520).
[79] Vgl. Mathieu et al. (2019, S. 34).

unidirektionalen Prozess darstellt. Jedes Team durchläuft diesen Prozess laufend und die Ergebnisse der ersten Iteration beeinflussen die nächste. Eine Beschreibung dieses Feedbackloops halten sie für unabdingbar.[80] Die zeitliche Entwicklung von Teamprozessen wurde bereits 1965 von Tuckman in einem Phasenmodell beschrieben.[81] Aus diesen Erkenntnissen entstand das IMO(I)-Modell (Input-Mediator-Output-Input). Der Begriff Mediator soll dabei das breite Spektrum der Variablen verdeutlichen, die Wirkung auf die Ergebnisse (*Output*) haben. Durch das zusätzliche „I" wird auf die Feedbackschleife hingewiesen.[82]

Auch wenn sie das Modell als sehr sinnvoll zur Verdeutlichung der Prozesse innerhalb einer Gruppe empfanden, so äußerten Hackman und Morris, dass es schwierig sei, praktische Aktivitäten und Handlungsanweisungen aus dem Modell abzuleiten.[83] Auch Mathieu deutet in seinem jüngsten Review der Forschung zur Teameffektivität an, dass das klassische IPO-Modell und seine Weiterentwicklungen die Komplexität von Teams nicht mehr ausreichend darstellen können.[84]

Team Basics von Katzenbach und Smith

Angelehnt an die Forschung von Hackman und Walton, beschreiben Jon Katzenbach und Douglas Smith in ihrem Buch ein Modell der „Team Basics". Wie in Abbildung 5 zu sehen, beschreiben die Ecken des Modells die Ergebnisse des Teams. Im Dreieck werden die verschiedenen Elemente beschrieben, die ein Team benötigt, um diese Ergebnisse zu realisieren. Diese unterteilen Katzenbach und Smith in drei Kategorien.

Zunächst müssen innerhalb des Teams die Fähigkeiten existieren die vorgesehene Aufgabe zu bewältigen und zusammen zu arbeiten (*Skills*). Echte Teams sind außerdem ihrem Zweck, ihren Zielen und ihrem Ansatz zutiefst verpflichtet (*Commitment*). Zuletzt fühlt sich sowohl das Team als auch jeder Einzelne verantwortlich für die Zielerreichung, halten sich aber auch gegenseitig dafür verantwortlich (*Accountability*).

Teams, die sich auf Performance und die beschriebenen Team Basics fokussieren und nicht zwanghaft versuchen „ein Team zu werden" können Ergebnisse liefern und gleichzeitig ihr Teamverhalten optimieren.[85]

---

[80] Vgl. Ilgen et al. (2005, S. 520).
[81] Tuckman (1965).
[82] Vgl. Ilgen et al. (2005, S. 520).
[83] Vgl. Hackman und Morris (1975, S. 17ff.).
[84] Vgl. Mathieu et al. (2019, S. 39f.).
[85] Vgl. Katzenbach und Smith (1993).

Abbildung 5: Team Basics von Katzenbach und Smith

Quelle: Katzenbach, J.R., Smith, D.K., *The wisdom of teams*, 1993, S.8

Lencioni-Modell

Laut Patrick Lencioni kann jedes Team dysfunktional sein.[86] Um ein effektives Team zu bilden, stellt Lencioni ein Modell in Anlehnung an die Maslowsche Bedürfnispyramide auf, zu sehen in Abbildung 6, in dem er die fünf Dysfunktionen eines Teams beschreibt. Das Modell beschreibt als primäre Dysfunktion die Abwesenheit von Vertrauen. Ohne Vertrauen kann das Team nicht offen miteinander umgehen und somit werden Konflikte verdrängt. Ohne diese Konflikte, beispielsweise bei Diskussionen zu den Zielen des Teams, fühlen sich die Mitglieder diesen Entscheidungen gegenüber nicht verpflichtet. Dadurch werden die Mitglieder aber auch keine Verantwortung für die Erreichung der gemeinsamen Ziele übernehmen

Andererseits werden Teams, die sich vertrauen und Konflikte offen austragen, sich verpflichtet fühlen und sich gegenseitig verantwortlich halten, auch häufiger für das Team einstehen und somit insgesamt bessere Ergebnisse erzielen.[87]

[86] Vgl. Meuse (2009, S. 11).
[87] Vgl. Lencioni (2005, S. 7).

Abbildung 6: Die "Five dysfunctions of a team" nach Lencioni

Quelle: Lencioni, P., Overcoming the five dysfunctions of a team, 2005, S.6

Während das IPO-Modell eine ganzheitliche Beschreibung der Teamprozesse versucht, beschränken sich die beiden Modelle von Katzenbach und Lencioni auf Faktoren, die zur effektiven Zusammenarbeit beitragen bzw. ohne die eine effektive Zusammenarbeit nicht möglich ist. Sie zeigen theoretische Faktoren, die es zu optimieren gilt um die Teameffektivität zu steigern.

2.4.2 Google re:Work und das Projekt Aristoteles

Google, bzw. der Konzern Alphabet, beschreibt seine Mission im Jahresbericht 2021 darin, die Information der Welt zu organisieren und diese überall zugänglich zu machen.[88] Doch nicht nur Daten von Kunden werden zu Optimierungszwecken genutzt.

[88] Vgl. Alphabet Inc. (2021, S. 39).

Google startete mit re:Work eine Initiative, Data Analytics im Human-Resources-Umfeld einzusetzen und diese wissenschaftlich zu untersuchen. Einige Ergebnisse dieser *People-Analytics*-Studien[89] wurden anschließend veröffentlicht.

Unter dem Projektnamen Aristoteles[90] untersuchten Wissenschaftler, was ein Team bei Google effektiv macht. Der Name des Projekts bezieht sich dabei auf das Zitat Aristoteles *„Das Ganze ist mehr als die Summe seiner Teile"*. Zunächst wurde versucht quantifizierbare Messinstrumente für die Effektivität zu bestimmen. Dabei wurden verschiedene Vorschläge, wie „geschriebene Zeilen Code" oder „Anzahl an gelösten Bugs", unterbreitet und wieder verworfen. Während die reine Anzahl an geschriebenen Zeilen Code nichts über dessen Qualität aussagt, birgt das zweite Instrument auch noch das Problem, dass, um mehr Bugs lösen zu können erst einmal mehr Bugs vorhanden sein müssen. Teams ohne Bugs, würden daher ein schlechtes Ranking für bessere Arbeit bekommen.

Es wurde sich daher gegen einen quantifizierbaren Messansatz entschieden und die Teams wurden qualitativ aus mehreren Perspektiven untersucht. Aus Sicht des oberen Managements, der Team Leads und innerhalb des Teams. Zusätzlich wurde noch die Umsatzentwicklung des Produkts berücksichtigt.

Insgesamt wurden bei der Untersuchung 180 Teams betrachtet, um herauszufinden wie die Zusammensetzung des Teams und die Gruppendynamik die Teameffektivität beeinflussen. Zusätzlich wurden Interviews mit Führungskräften geführt in denen gefragt wurde was in ihren Augen Teams effektiver macht.

Nach der Auswertung der Daten kamen die Forscher zu dem Schluss, dass die Teamzusammensetzung weniger Einfluss als die Gruppendynamik hat. Dazu wurden die 5 Faktoren mit dem größten Einfluss wie folgt definiert:

1. **Psychologische Sicherheit**
   Die Teammitglieder fühlen sich sicher und gehen auch zwischenmenschliche Risiken ein.

2. **Zuverlässigkeit**
   Die Teammitglieder erledigen ihre Aufgaben qualitativ und fristgerecht.

3. **Struktur und Klarheit**
   Die Teammitglieder verstehen ihre Aufgaben und es ist klar was von ihnen verlangt wird und wie diese Erwartungen erreicht werden können.

89 Vgl. Peeters et al. (2020, S. 203).
90 Vgl. Google Inc. (2019).

4. **Sinn**
   Die Teammitglieder sehen einen Sinn, entweder in der Arbeit selbst oder im Ergebnis ihrer Arbeit.

5. **Wirkung**
   Die Teammitglieder haben die (subjektive) Einschätzung, dass die eigene Arbeit einen Unterschied macht.

Die Forscher betonen, dass es sich dabei um Faktoren handelt, die bei Google mit einer erhöhten Effektivität der Teams korrelieren und es bei anderen Unternehmen (mit anderen Unternehmenskulturen) andere Einflussfaktoren auf Teameffektivität geben wird. Dies stimmt mit den Erkenntnissen der Forschung aus dem erweiterten IPO-Modell überein. In dem Modell werden das Umfeld und der Kontext, in dem das Team operiert, als ein wesentlicher Input-Faktor dargestellt. Des Weiteren wird erläutert, dass die Teamprozesse davon abhängen, wie die Organisation aufgestellt ist.[91]

Auch wenn sich Teams in verschiedenen sozialen Systemen bilden, liegt der Fokus dieser Arbeit auf Organisationen und Unternehmen. Der grundsätzlichen Annahme, dass ein Unternehmen bei Steigerungen der Teamperformance auch einen Anstieg der Unternehmensperformance erfährt, widerspricht das *Productivity Paradox*, dass von Robert D. Pritchard beschrieben wurde. Dieses Paradox hinterfragt, wie es sein kann, dass Leistungsverbesserungen, die auf einer Analyseebene auftreten, scheinbar verschwinden, wenn die Leistung auf einer breiteren Analyseebene gemessen wird.[92]

2.5 Auswirkungen der Hierarchie auf die Teameffektivität

Abschließend soll noch der Stand der Forschung zur Kreuzung der vorangegangenen Themen beschrieben werden.

In der Forschung wurden sowohl die positiven wie auch die negativen Zusammenhänge zwischen Teameffektivität und Hierarchie untersucht. So wird auf der einen Seite argumentiert, dass eine vorgegebene Struktur die Mitglieder dabei unterstützt besser zu interagieren und dass durch verbesserte Koordinationsprozesse insgesamt die Teameffektivität steigt. Die Koordinationsprozesse umfassen dabei die Steuerung der Aktivitäten und den effektiven Einsatz der Kenntnisse der verschiedenen Teammitglieder, um diese auf die Erreichung der gemeinsamen Ziele auszurichten.[93] Da jedes Individuum grundsätzlich nach einem höheren Status strebt und der Status an

[91] Google Inc. (2019).
[92] Vgl. Harris (1994, S. 161).
[93] Vgl. Greer et al. (2018, S. 593).

den individuellen Beitrag zum Gruppenerfolg geknüpft ist, kann die Hierarchie und der Anspruch, in der Hierarchie zu steigen auch zu einer höheren Motivation der Mitglieder führen.[94]

Dem gegenüber steht die Sichtweise, dass dies dazu führen kann, dass diese Mitglieder egoistische Ziele verfolgen, um weiter in der Hierarchie zu steigen. Dadurch werden Konflikte innerhalb des Teams gefördert. Diese Konflikte beeinflussen dann die Performance der Teams, da sie die Mitglieder von der Zielerreichung abhalten.[95] Außerdem können diese Konflikte einen negativen Einfluss auf die Kommunikation im Team haben und somit effektiven Wissenstransfer und die Einigung auf gemeinsame Ziele verhindern.[96]

Anderson und Brown zeigten, dass eine steile Hierarchie sich positiv auf die Performance von Teams auswirken kann, wenn es um einfache Aufgaben geht. Allerdings hat sich in der gleichen Studie gezeigt, dass bei komplexen Tasks ein dezentralisierter Arbeitsansatz deutlich effektiver ist.[97] Daraus wird ersichtlich, dass es weitere Faktoren gibt, die einen Einfluss auf die Beziehung zwischen Hierarchie und Effektivität haben. Dazu zählen, der Aufgabentyp, die Teamstruktur und die Art der Hierarchie.[98] Die Performance des Teams bei Aufgaben, die viel Koordination zwischen Teammitglieder verlangen profitiert von einer Hierarchie, da diese steuernd wirken kann und unnötige Kommunikation vermeidet. Wenn der Aufgabentyp diese Koordination nicht benötigt, kann eine steile Hierarchie überflüssig werden und damit die Leistung negativ beeinflussen. Verschiedene Teamstrukturen sind unterschiedlich anfällig für Konflikte.[99] Teamstrukturen, die bereits sehr anfällig für Konflikte sind, haben durch Rangunterschiede, die durch die Hierarchie eingeführt werden, noch mehr Konfliktpotential, das sich dann negativ auf die Performance des Teams auswirken kann.[100] Zuletzt haben auch verschiedene Aspekte der Hierarchie selbst einen Einfluss auf die Beziehung zwischen Effektivität und Hierarchie. In veränderbaren Hierarchien, wie in informellen Hierarchien, kann es zu Konflikten über den individuellen hierarchischen Rang (Rangkonflikt) kommen, die zu leistungsmindernden Konflikten führen. Darüber hinaus, wenn Hierarchien als unrechtmäßig und eher politisch empfunden werden, wie z. B. steile oder stark zentralisierte Hierarchien, sind sie eher geeignet, negative Teamkonflikte zu fördern und die Teamleistung zu beeinträchtigen.[101]

Kilduff et al. definierten drei verschiedene Arten von Rangkonflikten: Bei aufwärtsgerichteten Rangkonflikten sehen zwei Teammitglieder ihren Rang über dem Rang

---

[94] Vgl. Kilduff et al. (2016, S. 373).
[95] Vgl. Greer et al. (2018, S. 592).
[96] Vgl. Kilduff et al. (2016, S. 374).
[97] Vgl. Anderson und Brown (2010, S. 61).
[98] Vgl. Greer et al. (2018, S. 593).
[99] Vgl. Greer et al. (2018, S. 594).
[100] Vgl. Tarakci et al. (2016, S. 427).
[101] Vgl. Greer et al. (2018, S. 594).

des jeweils anderen. Bei abwärts gerichteten Rangkonflikten sehen zwei Teammitglieder ihren Rang unterhalb des jeweils anderen. Bei Rangkonflikten über Dritte haben zwei Teammitglieder eine unterschiedliche Meinung über die relative Position eines unbeteiligten dritten Mitglieds. Basierend auf dieser Definition stellten sie die Hypothese auf, dass Gruppen mit häufig auftretenden aufwärtsgerichtete Rangkonflikten eine schlechtere Performance bei definierten Gruppenaufgaben zeigen. In der Studie wurden 33 Vier-Personen Gruppen aus 132 Studenten gebildet. Den Teams wurde eine Aufgabe vorgestellt, die sie gemeinsam bearbeiten sollten. Nach der 45-minütigen Bearbeitungszeit wurde jeder Teilnehmer gebeten, alle Mitglieder der Gruppe nach ihrem Rang innerhalb der Gruppe zu sortieren. Die Ergebnisse der Teamaufgabe wurden von zwei unabhängigen Personen anhand der Merkmale „Qualität“ und „Gründlichkeit“ bewertet. Für jede Gruppe wurde anschließend die Frequenz der verschiedenen Rangkonflikte ausgewertet. So konnte gezeigt werden, dass Gruppen in denen häufiger aufwärtsgerichtete Rangkonflikte auftraten, schlechtere Ergebnisse zeigten. Die beiden anderen Rangkonflikttypen hatten keinen signifikanten Einfluss auf die Performance. In einer weiteren Studie wurde nach der Gruppenaufgabe zusätzlich noch abgefragt, wie die anderen Teilnehmer zum Gruppenergebnis beigetragen haben. Dabei konnten sie aufzeigen, dass ein negativer Zusammenhang zwischen der Frequenz der aufwärtsgerichteten Rangkonflikte und dem Rating des Gruppenbeitrags besteht.[102]

Bunderson et al. schlugen vor, dass die unterschiedlichen Ergebnisse damit zusammenhängen, dass verschiedene Autoren den Begriff Hierarchie unterschiedlich deuten und operationalisieren und dass je nach Auslegung des Begriffes unterschiedliche Deutungen der Ergebnisse angestellt werden.[103]

Bezogen auf das rangdynamische Modell von Schindler hat auch Bachmann in seiner Studie festgestellt, dass Gruppen bei komplexen Aufgaben besser sind, solange sich die informelle Struktur im Team nicht verfestigt hat. Sobald diese ausgebildet und gefestigt ist, hängt der Erfolg der Gruppe daran, ob sich die richtige Person in der Alpha-Position befindet. Sie sind davon überzeugt, dass eine gewisse Flexibilität der Teams notwendig ist, da die Bewertung wann sich die „beste informelle Struktur“ herausgebildet hat, schwierig ist.[104]

[102] Vgl. Kilduff et al. (2016, S. 374ff.).
[103] Vgl. Bunderson et al. (2016, S. 1266).
[104] Vgl. Bachmann (2022, S. 11).

3 Methodisches Vorgehen

In diesem Kapitel wird das Vorgehen beschrieben, mit dem die Forschungsfrage beantwortet werden soll. Zunächst wird das Forschungsdesign beschrieben. Anschließend wird die Konstruktion des Fragebogens erläutert und die statistischen Methoden aufgezeigt, die bei der Auswertung der Daten zum Einsatz kommen.

3.1 Forschungsdesign

Zur Erhebung der Daten wurde ein anonymer Online-Fragebogen auf der Webseite https://www.soscisurvey.de/ erstellt. Ein solcher Fragebogen bietet den Vorteil, dass er standardisiert durchgeführt werden kann. Dies liegt daran, dass sämtliche Teilnehmer die gleichen Testitems in der gleichen Reihenfolge angezeigt bekommen und die gleiche Einführung zu Beginn des Tests erhalten. Damit wird eine hohe Durchführung- und Auswertungsobjektivität sichergestellt.[105]

Des Weiteren sollte diese computerunterstützte Untersuchung ökonomisch durchgeführt werden. Zum einen konnte der Fragebogen gleichzeitig von vielen Teilnehmern beantwortet werden, ohne dass der Testleiter anwesend sein musste. Dies ermöglichte auch eine internationale Ausrichtung des Tests und somit stand ein größerer Pool an potenziellen Teilnehmern zur Verfügung. Zum anderen muss der Test aber auch für die Teilnehmer ökonomisch sein. Eine vom Teilnehmer als zu lang empfundene Testzeit kann zum Absinken der Bearbeitungsqualität und damit zu einem verfälschten Testergebnis führen.[106] Dazu wurde bei der Fragebogenkonstruktion darauf geachtet, dass eine Bearbeitung innerhalb von 12 Minuten möglich ist. Damit der Test auch international durchgeführt werden konnte, wurden die Fragen auf Englisch entworfen.

3.2 Erstellung des Fragebogens

Die Erstellung des Fragebogens wurde in mehreren Schritten durchgeführt

1. Erstellung der Frageitems anhand von Konstrukten
2. Analyse der Frageitems mit einem Experten
3. Durchführung eines Pretests

[105] Vgl. Brandt und Moosbrugger (2020, S. 53).
[106] Vgl. Brandt und Moosbrugger (2020, S. 52).

Der Fragebogen enthält dabei mehrere Konstrukte und Messinstrumente, die in die Beantwortung der Forschungsfrage einfließen. Im Folgenden werden die einzelnen Konstrukte und Messinstrumente beschrieben.

3.2.1 Konstrukt: Individuelle Rangposition

Das erste Ziel dieser Arbeit ist zu zeigen, dass jeder Teilnehmer einer Position nach Vatter zugewiesen werden kann. Bei der Konstruktion der Frageitems zur individuellen Rangposition wurde auf die bestehenden Arbeiten von Vatter und Diszlberger aufgebaut.[107] Es wurde eine rationale Konstruktionsstrategie gewählt und mit den Persönlichkeitsmerkmalen in den Beschreibungen von Vatter die Frageitems zu den Rangpositionen deduziert.[108]

Zwischenziel 1 Es ist möglich, anhand des Fragebogens den Teilnehmern eine der Positionen nach Vatter zuzuweisen.

Tabelle 2: Merkmale der Individuellen Rangposition

Konstrukt	Merkmale / Beschreibung
Alpha	Entschlossenheit, Selbstüberzeugung, Führungsanspruch, Durchsetzungsfähigkeit, hält Konkurrenzkampf aus
Beta	Hohe soziale Kompetenz, manipulativ / kooperativ, sympathisch, delegiert Gewalt an Alpha
Delta	Zugehörigkeit, hohes Pflichtbewusstsein, auf Sicherheit / Beibehaltung der gesellschaftlichen Ordnung bedacht, Mitläufer, höhere Machtdistanz, Loyalität
Gamma	Rebellisch, nicht durchsetzungsfähig, innovativ, verbittert
Omega	Ausgestoßen, keinen Beitrag leistend

Quelle: In Anlehnung an Vatter P., Kugler M., Informelle Hierarchie - Rangdynamische Konflikte als Ursache dysfunktionalen Verhaltens am Arbeitsplatz, 2022

Aus den Beschreibungen der Rollen wurden Frageitems generiert, die die verschiedenen Merkmale messen. Es wurden insgesamt 32 Frageitems generiert, die sich wie in Tabelle 3 beschrieben auf die verschiedenen Konstrukte verteilen. Eine Auflistung aller Frageitems findet sich im Anhang B.

---

[107] Vgl. Vatter (2022); Diszlberger (2022).
[108] Vgl. Moosbrugger und Brandt (2020, S. 71).

Tabelle 3: Verteilung der Frageitems auf die Konstrukte

Konstrukt	Anzahl der Items
Alpha	8
Beta	8
Delta	9
Gamma	5
Omega	2

Quelle: Eigene Darstellung

Die Items wurden alle auf einer siebenstufigen Likert Skala gemessen. Die Extrema der Skala wurden mit „*strongly disagree*" und „strongly agree" beschriftet. Diese verschiedenen Ausprägungen wurden numerisch mit den Zahlen 1 bis 7 dargestellt. Außerdem wurde den Teilnehmern eine Ausweichoption zur Verfügung gestellt, die es ihnen erlaubte, mit „don't know" (-1) zu antworten.

3.2.2 Team und Gruppendynamik

Die Forschungsfrage erfordert auch eine Einschätzung des Verhaltens der Gesamtgruppe. Dazu wurden die Teilnehmer gebeten Fragen zu ihrer Gruppe zu beantworten. Darunter fällt, wie lange der Teilnehmer bereits Teil des Teams ist und wie groß dieses ist. Anschließend wurde er aufgefordert eine Einschätzung über seine eigene Rangposition innerhalb der Hierarchie abzugeben sowie den Typ ihres Teams aus einer Liste auszuwählen (agiles Team, cross-funktionales Projekt Team, self-organized Team, Management Team) oder ihr Team in einem Freitextfeld zu beschreiben. Außerdem wurde gefragt, ob der formale Manager auch Teil des Teams ist.

Aus der Forschungsfrage ergeben sich mehrere Fragen, die sich auf die Gruppendynamik beziehen. Daher werden drei Hypothesen aufgestellt:

Hypothese 1 Eine positive Gruppendynamik im Team wirkt sich positiv auf die wahrgenommene Leistung des Teams aus.

Hypothese 2 Wenn im Team mehrere Alphas wahrgenommen werden, wird die Leistung im Team niedriger bewertet.

Hypothese 3 Wenn im Team ein Omega wahrgenommen wird, wird die Leistung des Teams niedriger bewertet.

Um diese Hypothesen zu belegen, wurden 18 Fragen zur Gruppendynamik gestellt, mit denen verschiedene Facetten der Dynamik des Teams abgefragt wurden. Die Antworten auf die Fragen sind dabei ein Indikator dafür, wie das Team zusammenarbeitet.

Grundsätzlich können die Fragen in drei Kategorien unterteilt werden:

- Führung und Zusammenarbeit
- Teamkonflikt und Umgang mit Konflikten im Team
- Teamzugehörigkeit

Fragen zur Zusammenarbeit und Führung sollen zur Bewertung dienen, ob der Teilnehmer anerkennt, dass sein Team gut zusammenarbeiten kann. Fragen zu Konflikten im Team sollen rangdynamische Konflikte aufzeigen und werden zur Beantwortung der Hypothese 2 herangezogen. Im Modell nach Vatter wird die Teamzugehörigkeit dem Omega aberkannt. Die hier gestellten Fragen dienen daher der Beantwortung von Hypothese 3. Die einzelnen Frageitems können Anhang B entnommen werden.

3.2.3 Instrument: Teameffektivität

Um die Teameffektivität zu messen, wurde auf bereits etablierte Messinstrumente zurückgegriffen. Die im Kapitel 2.4.2 vorgestellte re:Work-Studie wurde von Fischer et al. zum Anlass genommen einen Fragebogen zum Thema High Performance Teams zu erstellen, der auf den Ergebnissen der Studie basiert. Die genutzten Items wurden aus verschiedenen bereits etablierten Skalen zusammengesetzt und quantifizieren die fünf Faktoren effektiver Teams.

Um die Teameffektivität zu quantifizieren, wurde der High Performance Team Survey ausgewählt.[109] Dieses Messinstrument wurde bereits empirisch validiert und ist öffentlich im Open Access Repositorium für Messinstrumente zugänglich.[110] Es wurde in der deutschen Sprache entwickelt und validiert. In diesem Fragebogen sollen die Frageitems übersetzt zum Einsatz kommen. Der Fragebogen ist in drei Fassungen ausgearbeitet, die Langfassung mit 27 Frageitems, die Mittelfassung mit 16 Items und die Kurzfassung mit fünf Items.

Für diese Arbeit wurde die Kurzfassung ausgewählt, da die Beantwortungszeit von ca. einer Minute der Testökonomie zugutekommt. In der Kurzfassung gibt es zu jedem der Faktoren ein Frageitem, das in einer fünfstufigen Likert-Skala abgefragt wurde.

---

[109] Fischer et al. (2020).
[110] Vgl. Leibniz-Institut für Sozialwissenschaften (2022).

Tabelle 4: Fragen des High Performance Team Survey

Fragetext ***Originaltext (dt.)***	**Faktor**
In my team, you can dare to openly address problems and mistakes. *In meinem Team kann man sich trauen, Probleme und Fehler offen anzusprechen.*	Psychologische Sicherheit
In my team, close attention is paid to ensuring that all members achieve the best possible performance. *In meinem Team wird genau darauf geachtet, dass alle Mitglieder die bestmögliche Leistung erreichen.*	Zuverlässigkeit
In my team, all members are clear about what needs to be done. *In meinem Team ist allen Mitgliedern klar, was zu tun ist.*	Struktur und Klarheit
My team feels that our work is very important. *Mein Team hat das Gefühl, dass unsere Arbeit sehr wichtig ist.*	Sinn
My team makes an important contribution to the overall success of the organization. *Mein Team leistet einen wichtigen Beitrag zum Gesamterfolg der Organisation.*	Wirkung

Quelle: Eigene Darstellung

Des Weiteren wurde im Kontext der Teameffektivität noch zwei weitere Frageitems hinzugefügt, bei denen die Teilnehmer gebeten wurden, die erbrachte Leistung des Teams in Abhängigkeit zu dem Potential des Teams zu bringen. Selbst Teams, die sich als sehr effizient ansehen können immer noch deutlich unter ihrem Leistungspotential liegen.[111] Diese Effekte sollen daher mit zwei Fragen berücksichtigt werden. Diese Fragen wurden auch auf einer fünfstufigen Skala abgefragt. Die Extrema waren dabei mit 0 % und 100 % beschriftet und geben so die Möglichkeit, in 25 %-Schritten eine Einschätzung des ausgeschöpften Potentials zu geben.

To what extent is your team using its performance potential?

To what extent is your team using its innovation potential?

[111] Vgl. Hertel und Hüffmeier (2019, S. 193).

3.2.4 Instrument: Soziale Erwünschtheit

Eine Schwierigkeit bei der Messung von Persönlichkeitsmerkmalen über Fragebögen ist ein Bias zur sozialen Erwünschtheit des Antwortenden. Die soziale Erwünschtheit wird als eine Tendenz verstanden, seine eigene Person positiv darzustellen. Durch diese positive Selbstdarstellung kann es zu Antwortverzerrungen kommen. Ein Modell zum Konstrukt soziale Erwünschtheit wurde von Paulhus vorgestellt.[112] In diesem Modell unterscheidet er zwei Faktoren, Alpha und Gamma. Beide Faktoren beschreiben Aspekte der Selbst- und Fremdtäuschung. Die Faktoren unterscheiden sich allerdings aufgrund der zugrunde liegenden Werte dahingehend, dass der Alpha-Faktor ein egoistisches Bias hat. Dagegen zeigt der Gamma-Faktor ein moralischen Bias. Personen mit einem moralischen Bias neigen dazu sozial unerwünschte Impulse zu leugnen (NQ-) und schreiben sich positive Attribute zu (PQ+). Personen mit einem egoistischen Bias beschreiben sich selbst unrealistisch positiv und versuchen damit Eindruck auf andere Personen zu machen.

Dieser Störfaktor soll daher im Fragebogen quantifiziert werden. Die Kurzskala zur Messung der sozialen Erwünschtheit Gamma (KSE-G) ist ein validiertes Messinstrument zur Messung des Gamma Faktors, der für Interviews von besonderem Interesse ist. Das Instrument wurde ursprünglich in der deutschen Sprache entwickelt,[113] wurde aber auch von Nießen in die englische Sprache übersetzt.[114] Dem Fragebogen wurden daher die sechs Frageitems der Kurzskala hinzugefügt. Die Antwortmöglichkeiten werden in einer fünfstufigen Likert Skala mit den Extrema Strongly Disagree (1) und Strongly Agree (5) angegeben.

Tabelle 5: Fragen zum sozialen Erwünschtheit Gamma

Item	Skala
In an argument, I always remain objective and stick to the facts.	PQ+
Even if I am feeling stressed, I am always friendly and polite to others.	PQ+
When talking to someone I always listen carefully to what the other person says.	PQ+
It has happened that I have taken advantage of someone in the past.	NQ-
I have occasionally thrown litter away in the countryside or on to the road.	NQ-
Sometimes I only help people if I expect to get something in return.	NQ-

Quelle: Eigene Darstellung

[112] Paulhus (2002).
[113] Vgl. Kemper et al. (2014).
[114] Nießen et al. (2019).

Die Frageitems werden nach den Gruppen separat ausgewertet. Dazu werden die Antworten zunächst in numerische Werte zwischen 1 und 5 umgewandelt. Die Items zur Messung der Übertreibung positiver Qualitäten (PQ+) und zur Minimierung negativer Qualitäten (NQ-) werden jeweils aufsummiert und dann durch 3 geteilt, um einen Mittelwert für PQ+ und einen Durchschnittswert für NQ- zu erhalten.[115]

3.2.5 Fragen zur Soziodemographie

Die letzte Seite des Fragebogens umfasst fünf Fragen, in denen das Alter, das Geschlecht und das Land, aus dem die Teilnehmer stammen, abgefragt wurde. Abschließend wurden die Teilnehmer noch befragt, ob sie aktuell in einer formalen Führungsposition sind und wie viele Jahre Führungserfahrung sie besitzen.

Tabelle 6: Anzahl der Fragen im Fragebogen

Fragetyp	Anzahl
Allgemeine Gruppenfragen	5
Fragen zur Gruppendynamik	18
Individuelle Rangposition	32
High Performance Team Survey	5
Performance- und Innovationspotential	2
Soziale Erwünschtheit	6
Soziodemographie	5
Summe	**73**

Quelle: Eigene Darstellung

Insgesamt wurden in den Fragebogen 73 Fragen aufgenommen, nach den ersten Selbsttests wird von einer Beantwortungszeit von ca. 11 Minuten ausgegangen. Im Anschluss an die Erstellung des Fragebogens folgen Pretests mit ausgewählten Kandidaten. In Kapitel 4 wird die Durchführung der Umfrage beschrieben. Um die aus der Umfrage generierten Daten auszuwerten, werden verschiedene statistische Verfahren angewandt, die im Folgenden erläutert werden.

[115] Kemper et al. (2014).

3.3 Angewandte Statistische Verfahren

Bei der Konstruktion des Fragebogens werden den Frageitems (beobachtbare Indikatorvariablen) verschiedenen Positionen des Basismodells nach Vatter zugewiesen (nicht beobachtbare, latente Variablen). Dieser Zusammenhang kann als Strukturmodell dargestellt werden. Um Strukturmodelle zu überprüfen, kann die konfirmatorische Faktorenanalyse genutzt werden. Ist dagegen kein Modell bekannt, kann die explorative Faktorenanalyse genutzt werden, um Strukturen innerhalb der Daten aufzuzeigen und damit Hypothesen zu bilden.[116] Alle Auswertungen dieser Arbeit werden in R vorgenommen.

3.3.1 Konfirmatorische Faktorenanalyse

In der konfirmatorischen Faktorenanalyse wird die Beziehung zwischen den Indikatorvariablen und den hypothetisch angenommenen Konstrukten überprüft.[117] Sie wird in vier Schritten durchgeführt.[118]

1. Modellformulierung
2. Modellspezifizierung
3. Parameterschätzung
4. Beurteilung der Schätzergebnisse

Zunächst wird ein Messmodell definiert, welches Anweisungen enthält, wie den latenten Variablen, bzw. den hypothetischen Konstrukten ein beobachtbarer Sachverhalt zugewiesen (= Operationalisierung) und durch Zahlen erfasst (= Messung) werden soll. Das Ergebnis der Messung wird in einer Messvariablen abgebildet, die empirisch direkt beobachtbar ist und somit eine manifeste Variable darstellt.[119] In dem Fall dieser Arbeit wird von einem reflektiven Messmodell ausgegangen. Dabei wird angenommen, dass eine hohe Korrelation zwischen den Messvariablen besteht deren verursachende Größe die latente Variable ist. Am Beispiel dieser Arbeit wird davon ausgegangen, dass die Zugehörigkeit zu einer der Positionen nach Vatter eine Auswirkung auf die Beantwortung der Frageitems hat.[120] Dazu wurde die Beziehung zwischen den Frageitems und den Positionen bereits bei der Konstruktion festgelegt.

Bei der Modellspezifizierung wird ein Gleichungssystem aufgestellt, welches das Modell beschreibt. Dabei wird der Zusammenhang zwischen Indikatorvariablen und latenten Variablen formalisiert. Das Gleichungssystem enthält dabei feste Parameter,

[116] Vgl. Gäde et al. (2020, S. 617).
[117] Vgl. Weiber und Mühlhaus (2021, S. 144).
[118] Vgl. Backhaus et al. (2018, S. 564).
[119] Weiber und Mühlhaus (2021, S. 41).
[120] Vgl. Weiber und Mühlhaus (2021, S. 42f.).

die bei der Modellerstellung bereits bekannt sind und freie Parameter deren Werte unbekannt sind und erst aus den empirischen Daten geschätzt werden müssen. Feste Parameter ergeben sich aus dem Vorwissen über das Modell zum Beispiel dann, wenn kein Zusammenhang zwischen der Indikatorvariable und den latenten Variablen angenommen wird. In diesem Fall wird der Parameter auf 0 gesetzt.[121]

Anschließend werden die freien Modellparameter simultan geschätzt. Dazu können verschiedene Schätzfunktionen genutzt werden. Zur Modellierung und zur Parameterschätzung wird in dieser Arbeit das R-Paket *lavaan* genutzt.[122] Für einen detaillierten Einblick in verschiedene Schätzfunktionen wird an dieser Stelle auf Gäde et al. verwiesen.[123]

Abschließend muss das geschätzte Modell evaluiert werden. Dabei wird die Validität und die Reliabilität der Konstruktmessung beurteilt.[124] Zunächst wird die Nullhypothese geprüft. Falls diese nicht verworfen werden muss ($p > 0{,}05$), wird das Modell als zu den empirischen Daten passend eingestuft. Außerdem können weitere Gütekriterien zur deskriptiven Beurteilung genutzt werden. Der Root Mean Square Error of Approximation (RMSEA) beschreibt dabei den Modellfit und sollte unter 0,08 liegen. Der Comparative Fit Index (CFI) und Tucker Lewis Index (TLI) vergleichen das gegebene Modell mit einem Unabhängigkeitsmodell. Das Unabhängigkeitsmodell nimmt an, dass die Indikatorvariablen unkorreliert sind. Das Modell passt daher schlecht zu den Daten, wenn Zusammenhänge zwischen den Variablen bestehen. CFO und TLI vergleichen die Teststatistiken der beiden Modelle und geben an, wie viel besser das untersuchte Modell die Daten erklärt als das Unabhängigkeitsmodell. Der Standardized Root Mean Square Residual (SRMR) ist ein Maß dafür, wie gut die empirischen Kovarianzen durch die Modellparameter reproduziert werden können.[125]

3.3.2 Explorative Faktorenanalyse

Im Gegensatz zur CFA, liegt das Ziel der explorative Faktorenanalyse (EFA) darin eine Struktur innerhalb der Daten zu finden und so ein Erklärungsmodell für den Zusammenhang zwischen den Frageitems zu liefern, das eine ökonomische und einfache Interpretation erlaubt.

Dabei wird zunächst ermittelt wie viele Dimensionen (latente Faktoren) notwendig sind, um die Daten zu beschreiben, ohne die in den Frageitems enthaltene Information zu sehr zu reduzieren.[126] Diese latenten Faktoren sind somit hypothetische Konstrukte,

[121] Vgl. Backhaus et al. (2018, S. 567).
[122] Rosseel (2012).
[123] Vgl. Gäde et al. (2020, S. 643ff.).
[124] Vgl. Backhaus et al. (2018, S. 567).
[125] Vgl. Gäde et al. (2020, S. 649).
[126] Vgl. Brandt (2020, S. 577f.).

die für Gemeinsamkeiten in den Antworten der Befragten zu den Frageitems verantwortlich sind.[127] Die Frageitems sollen dabei möglichst mit nur einem oder nur wenigen Faktoren zusammenhängen während zu den anderen Faktoren kein Zusammenhang bestehen sollte. Diese Einfachstruktur erlaubt auch eine eindeutige Interpretation der Faktoren.[128]

Die EFA wird in fünf Schritten durchgeführt:[129]

1. Überprüfung, dass die analysierten Items geeignet sind
2. Bestimmung der Extraktionsmethode
3. Bestimmung der Anzahl der zu extrahierenden Faktoren
4. Rotation der Faktorenmatrix
5. Inhaltliche Interpretation

Im ersten Schritt wird sichergestellt, dass die Daten für eine Faktorenanalyse geeignet sind. Dazu wird zunächst durch den *Bartlett-Test* überprüft, dass die Items miteinander korrelieren. Wenn der Test signifikant ist ($p < 0{,}05$) weicht die Korrelationsmatrix von einer Einheitsmatrix ab, bei der keinerlei Korrelationen zwischen den Items vorliegen. Anschließend wird das *Kaiser-Meyer-Olkin (KMO) Kriterium* geprüft. Werte größer als 0,5 werden allgemein als akzeptabel angesehen, wünschenswert wären Werte größer als 0,8. Zuletzt gilt noch als Faustregel, dass pro Faktor mindestens drei Frageitems zur Verfügung stehen.[130]

Im nächsten Schritt wird das Schätzverfahren festgelegt, das genutzt wird, um die Faktoren zu extrahieren. Die bekanntesten Verfahren sind dabei die Hauptkomponentenanalyse (Principal Component Analysis, PCA) sowie die Maximum Likelihood (ML)- Schätzung.[131] In dieser Arbeit wird das ML-Verfahren genutzt.

Die Anzahl der zu extrahierenden Faktoren kann auf mehrere Arten ermittelt werden. Es kann durch existierendes Wissen über die Struktur der Daten eine Anzahl festgelegt werden. Alternativ kann eines der folgenden Verfahren angewendet werden. Zunächst werden die Eigenwerte der Faktoren berechnet. Diese ergeben sich aus der Summe über alle quadrierten Faktorladungen eines Faktors über alle Variablen. Das Kaiser-Kriterium besagt, jene Faktoren zu extrahieren, die einen Eigenwert größer 1 aufweisen. Alternativ kann auch der visuelle Scree-Test angewendet werden, bei dem die Eigenwerte in absteigender Reihenfolge sortiert und anschließend die ersten Faktoren ausgewählt werden, bei denen sich die Eigenwerte noch deutlich voneinander unter-

---

[127] Vgl. Schnaudt (2020, S. 209).
[128] Vgl. Brandt (2020, S. 577f.).
[129] Vgl. Schnaudt (2020, S. 213ff.).
[130] Vgl. Schnaudt (2020, S. 214).
[131] Vgl. Schnaudt (2020, S. 215).

scheiden.[132] Dieses Verfahren wird auch oft als Elbow-Test bezeichnet, da sich in der grafischen Darstellung der Eigenwerte über die jeweiligen Faktoren ein deutlicher Knick zeigen sollte. Weiteren Faktoren mit niedrigeren Eigenwerten werden dann nicht in die Analyse mit aufgenommen.[133]

Die Faktorenanalyse kann mathematisch in einer Modellgleichung dargestellt werden. In diesem Modell ist die Faktorladungsmatrix unbestimmt und muss durch die Analyse gefunden werden. Grundsätzlich gibt es eine große Anzahl äquivalenter Lösungen, daher wird die Einfachstruktur als zusätzliches Kriterium zur Lösung des Gleichungssystems herangezogen. Um die Einfachstruktur zu erreichen, muss die Faktorladungsmatrix rotiert werden. Es existieren verschiedene Rotationsmethoden, in dieser Arbeit wird eine orthogonale Rotation durchgeführt, die sogenannte Varimax-Rotation. Dabei wird die Varianz der (quadrierten) Faktorladungen insgesamt maximiert, um so im Idealfall dafür zu sorgen, dass die Items sehr hoch bzw. sehr niedrig auf einen Faktor laden.[134]

Nachdem die Faktorladungen der extrahierten Faktoren bestimmt wurden, findet nun die inhaltliche Interpretation statt. Dabei soll jedem Faktor ein Begriff zugewiesen werden, der dem Faktorladungsmuster entspricht. In diese Interpretation fließen dabei sowohl die Richtung (positiv/negativ) als auch die absolute Größe der Faktorladung mit ein. Zusätzlich können die sogenannten Faktorwerte berechnet werden, die angeben welche Ausprägung die Testpersonen in jedem extrahierten Faktor aufweisen. Dabei sind die Faktorenwerte eine Linearkombination der Faktorladungen mit den individuellen Antworten der Variablen eines Teilnehmers. Darauf basierend kann die Interpretationen der Daten stattfinden. Faktorwerte sind grundsätzlich Standardnormalverteilt.[135]

[132] Vgl. Schnaudt (2020, S. 216).
[133] Vgl. Brandt (2020, S. 578f.).
[134] Vgl. Brandt (2020, S. 595ff.).
[135] Vgl. Brandt (2020, S. 606).

4 Durchführung

Nachdem im vorherigen Kapitel die Erstellung des Fragebogens und die vorgesehene Methodik zur Auswertung der Antworten beschrieben wurde, soll in diesem Kapitel die Durchführung der Umfrage beschrieben werden. Dazu wird zunächst auf den durchgeführten Pretest und anschließend auf die Durchführung der Umfrage und die Auswahl der Teilnehmer eingegangen.

4.1 Durchführung des Pretests

Der Pretest hat in erster Linie zum Ziel, die Klarheit der Fragen zu überprüfen. Zusätzlich bietet sich dabei die Gelegenheit eine Einsicht in die Art und Weise zu bekommen, wie jedes Item verstanden wird, um anschließend die Fragen bei Bedarf zu überarbeiten.[136] Daher wurde der Pretest mit vier Teilnehmern durchgeführt, die anhand verschiedener Merkmale ausgewählt wurden. Die Muttersprache eines Teilnehmers ist Englisch. Er wurde im Anschluss an den Pretest gebeten ein weiteres Mal durch die Fragen zu gehen und diese auf grammatikalische Korrektheit und Verständlichkeit zu bewerten. Ein Teilnehmer kommt aus Indien und wurde explizit über seine Einschätzung des kulturellen Verständnisses der Fragen befragt. Die Pretest-Teilnehmer wurden auch aufgrund ihrer Mitgliedschaft in verschiedenen Team-Arten ausgewählt. Einer der Teilnehmer wurde aufgrund seiner Mitgliedschaft in einem Cross-Funktionalen Projektteams ausgewählt und die anderen drei Teilnehmer sind Teile verschiedener agiler Teams.

Der Test wurde in allen vier Fällen nach einem Protokoll durchgeführt, um ein möglichst unabhängiges Ergebnis sicherzustellen. Die Anfrage zur Teilnahme wurde telefonisch durchgeführt. Dabei wurde nicht näher auf das Thema der Arbeit eingegangen und lediglich gefragt, ob die Teilnehmer sich dazu bereit erklären würden, in einem Microsoft Teams Meeting den Fragebogen zu testen.

In dem anschließenden virtuellen Treffen wurde den Teilnehmern nach einer kurzen Begrüßung die Frage gestellt, ob sie mit einer Aufzeichnung des Pretests einverstanden wären. Es wurde dabei explizit darauf hingewiesen, dass sehr persönliche Fragen gestellt werden würden und dass die Aufzeichnung lediglich als Gedankenstütze zur späteren Überarbeitung des Fragebogens genutzt werden würde und nicht weitergegeben wird. Nach der Zustimmung der Teilnehmer wurde die Aufnahme gestartet. Sie wurden nicht über den Inhalt und Zweck der Forschung aufgeklärt. Anschließend

[136] Vgl. Brandt und Moosbrugger (2020, S. 68f.).

wurden Sie durch den Untersuchungsleiter zum „Lauten Denken“ im Sinne der Think-Aloud-Protocols[137] aufgefordert. Während der Bearbeitung der Umfrage wurden sie mehrfach darauf hingewiesen, dass sie laut äußern sollen, was ihnen bei den Fragen durch den Kopf geht und wie sie diese verstehen. Nach dem Abschluss der Umfrage wurden die Teilnehmer gefragt, wie ihre Einschätzung des Forschungsziels ist. Anschließend wurden Sie vom Untersuchungsleiter über die Forschungshypothese aufgeklärt und wurden gefragt, ob die Tests für sie Sinn ergeben. Die positive Antwort aller vier Teilnehmer unterstreicht die Laienvalidität der Untersuchung.

Während der Testdurchführung wurde vor allem darauf geachtet, ob die Teilnehmer bei gewissen Fragen stocken und dann gezielt nachgefragt, ob sie ihr Zögern erklären können. Die Erkenntnisse des Pretests wurden protokolliert und sind dann in eine Revision der Frageitems und des Aufbaus des Tests eingeflossen. Abschließend wurde den Teilnehmern noch die Frage gestellt, wie sie die „Usability“ des Fragebogens bewerten würden.

Ergebnisse des Pretests waren verschiedene Anpassungen des Tests, unter anderem wurden die Frageitems zur eigenen Persönlichkeit, die ursprünglich auf einer Seite zusammengefasst waren auf zwei Seiten aufgeteilt und die Kopfzeile mit der Beschriftung der Skalenwerte so eingestellt, dass sie beim Scrollen durch die Fragen mitläuft. Damit soll verhindert werden, dass der Teilnehmer während der Beantwortung der Fragen immer wieder nach oben Scrollen muss, um die Polung der Extrema nicht zu verwechseln. Des Weiteren wurden verschiedene Items noch einmal umformuliert, um das Verständnis der Frage zu verbessern.

4.2 Durchführung der Umfrage

Nachdem der Pretest abgeschlossen war, wurde die Umfrage am 1. Mai 2022 veröffentlicht. Zielgruppe der Umfrage waren sogenannte „White Collar Worker“ also Personen, die im Bürosetting arbeiten. Durch das Arbeitsumfeld des Untersuchungsleiters wurden vor allem Teilnehmer angefragt, die in der Softwareentwicklung oder in Softwareprojekten arbeiten. Die Teilnehmer wurden und auf verschiedenen Wegen kontaktiert.

Zunächst wurden die Mitarbeiter eines großen Softwareprojekts (ca. 400 Mitarbeiter) der Firma Siemens Healthineers per Microsoft Teams Nachricht kontaktiert und gebeten an der Umfrage teilzunehmen. Das Projekt hat Mitarbeiter aus vier Ländern weltweit. Nach ca. zwei Wochen wurde eine Erinnerungsnachricht geschrieben. Außerdem wurde die Umfrage in einer Nachricht auf dem soziale Netzwerk LinkedIn

[137] Vgl. Someren et al. (1994).

verteilt, die Kontakte des Untersuchungsleiters sind auch zu einem Großteil in Softwareprojekten beschäftigt. Des Weiteren wurde die Nachricht über verschiedene firmeninterne soziale Netzwerke (Microsoft Yammer) der Firma Siemens Healthineers verteilt. Die Gruppen sind thematisch alle in der Softwareentwicklung verortet (Agile Community, SCRUM Community, SAFe Community) und besitzen zusammengenommen knapp 4000 Mitglieder, auch wenn hier eine große Überlappung der Mitglieder zu erwarten ist.

Außerdem wurde die Einladung zur Umfrage an Führungskräfte verschiedene Softwareentwicklungsfirmen in Deutschland und den USA weitergeleitet. Die Umfrage wurde am 8. Juni 2022 beendet.

5 Auswertung und Darstellung der Ergebnisse

Das folgende Kapitel gibt einen Überblick über die in der Umfrage erhobenen Daten. Bevor die Daten analysiert werden konnten, wurden sie bereinigt. Dazu wurden die Datensätze ausgeschlossen, bei denen nicht alle Fragen beantwortet wurden. Von den 88 Teilnehmern der Umfrage haben 72 die Umfrage vollständig ausgefüllt.

Anschließend wurden zwei Datensätze entfernt, die in den Fragen zur Persönlichkeit mehr als zehnmal „Don't know" angekreuzt und damit mehr als ein Drittel der Fragen nicht beantwortet haben. Ein weiteres Ausschlusskriterium war die Gruppengröße. So wurde eine Person aus der Analyse ausgeschlossen, die eine Gruppengröße von 1 angab, und drei Personen, die in Gruppen mit über 25 Mitgliedern arbeiten (Gruppengröße: 33, 89, 300). Somit umfassten die zur Analyse genutzte Daten 66 Teilnehmer.

Ein Teilnehmer gab als Herkunftsland "British Indian Ocean Territory" an. Es ist anzunehmen, dass diese Auswahl aufgrund der automatischen Vervollständigung der Länder in Soscisurvey geschah und der Teilnehmer eigentlich "India" auswählen wollte. Der Wert wurde vor der Auswertung ausgebessert.

5.1 Deskriptive Analyse der Daten

Bevor die Forschungsfrage genauer beantwortet wird, soll ein Überblick über die erhobenen Daten gegeben und die Zusammensetzung der Stichprobe erläutert werden.

75 % der Teilnehmer haben die Umfrage innerhalb der angestrebten Zeit von 12 Minuten ausfüllen können. Insgesamt ergibt sich eine Zeit von durchschnittlich 9:46 min. Die Standardabweichung liegt bei 3 Minuten. Der schnellste Teilnehmer schloss die Umfrage in 3:58 min ab, die längste Zeit war 19:13 Minuten.

5.1.1 Demographie

Der Fragebogen hatte 66 Teilnehmern aus sieben Ländern. 70 % der Teilnehmer kommen dabei aus Deutschland, ungefähr 20 % aus Indien. Die weitere Verteilung kann Tabelle 7 entnommen werden. 78 % der Teilnehmer waren männlich, 21 % weiblich und eine Person wählte im Fragebogen die Option „Other".

Die Altersverteilung der Teilnehmer lässt sich Abbildung 7 entnehmen. Zwei Personen haben keine Angabe zu Ihrem Alter gemacht. Die Teilnehmer waren zwischen 21 und 59 Jahren alt. 30 Personen und damit fast die Hälfte der Teilnehmer (45 %) sind zwischen 30 und 39 Jahren alt. Dem folgen 16 Personen (24 %) zwischen 20 und 29, 13 Personen (20 %) gehören zur Gruppe der 40- bis 49-jährigen und fünf (8 %) zur

Gruppe der 50- bis 59- jährigen. Im Durchschnitt waren die Teilnehmer 35 Jahre alt mit einer Standardabweichung von 8,9 Jahren.

Tabelle 7: Herkunftsland der Teilnehmer

Land	Anzahl
Österreich	1
El Salvador	1
Deutschland	46
Indien	13
Slowakei	1
Vereinigtes Königreich	2
Vereinigte Staaten	2

Quelle: Eigene Darstellung

Abbildung 7: Altersverteilung

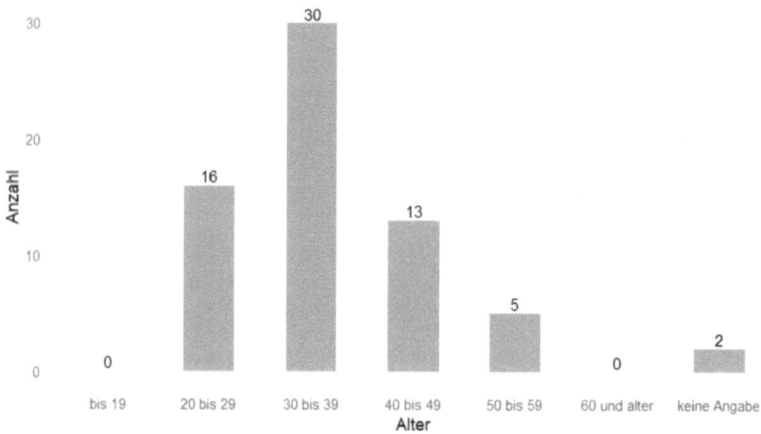

Quelle: Eigene Darstellung

5.1.2 Teams

Die Teilnehmer wurden zusätzlich gefragt, in welcher Art von Team sie arbeiten. Diese Frage zielte hauptsächlich darauf ab, Formen von Teams, die nicht in den Rahmen der Untersuchung passen, ausschließen zu können. Die Antworten der Teilnehmer können Abbildung 8 entnommen werden. Die Teilnehmer bezeichneten ihr Team am häufigsten als agil (24 Personen, 36 %) oder selbstorganisiert (23 Personen, 35 %).

Dem folgten 14 Personen (21 %) die angeben in einem cross-funktionalen Projektteam zu arbeiten und vier Personen (6 %) die angeben in einem Management-Team zu arbeiten. Eine Person wählte die Option Sonstige und gab an in einem „agilen und cross-funktionalen Team" zu arbeiten. Hier sollte auch erwähnt werden, dass die Grenzen zwischen den Arten der Teams fließend sind. Agile Teams können auch gleichzeitig selbstorganisiert sein. Es gibt aber auch selbstorganisierte Teams gibt, die nicht agil arbeiten.

Abbildung 8: Art des Teams

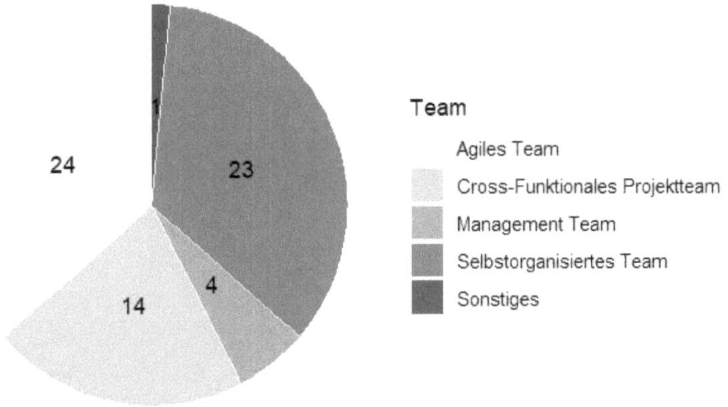

Quelle: Eigene Darstellung

Die Größe der Teams wird in Abbildung 9 dargestellt. 27 und damit 41 % der Teilnehmer gaben an, in einem Team mit sechs bis acht Mitgliedern zu arbeiten. Jeweils zwölf Teilnehmer (18 %) gaben an, in Teams mit drei bis fünf Mitgliedern bzw. neun bis zwölf Mitgliedern zu arbeiten. Neun Personen arbeiten in einem Team mit zwölf bis 15 Mitglieder und sechs Teilnehmer gaben an in einem Team mit 16 bis 25 Mitgliedern zu arbeiten. Unter den Teilnehmern liegt der Median der Teamgröße bei 7,5, der Mittelwert bei 9,0 und die Standardabweichung beträgt 4,43.

Neben der Größe des Teams ist auch die Teamzugehörigkeit relevant. Durchschnittlich sind die Teilnehmer bereits seit 3,6 Jahren in dem Team aktiv (Median 3 Jahre, Standardabweichung 3,6 Jahre). Maximal wurden 25 Jahre angegeben. 41 % der Teilnehmer sind zwischen zwei und drei Jahren Mitglied in ihrem Team. 12 Teilnehmer (18 %) sind bis zu einem Jahr Teil des Teams. Genauso viele Teilnehmer gaben an zwischen vier bis sechs Jahren Mitglied ihres Teams zu sein. Die verbleibenden Teilnehmer sind bereits mehr als sieben Jahre Teil ihres Teams (Abbildung 10).

Abbildung 9: Größe des Teams

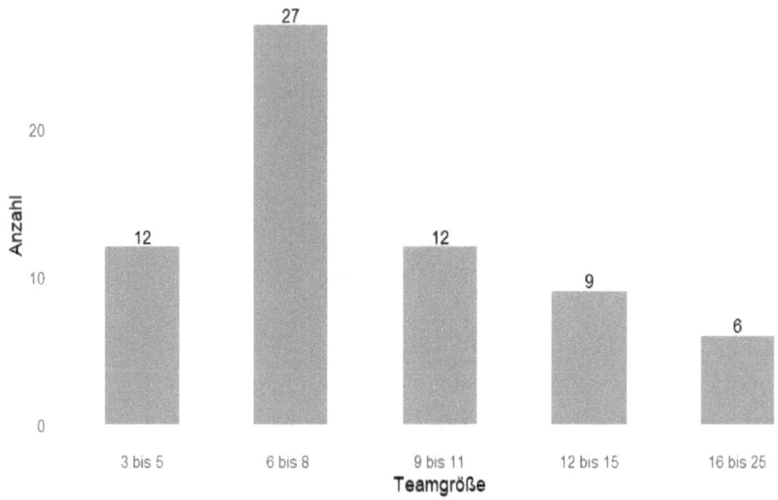

Quelle: Eigene Darstellung

Abbildung 10: Anzahl der Jahre im Team

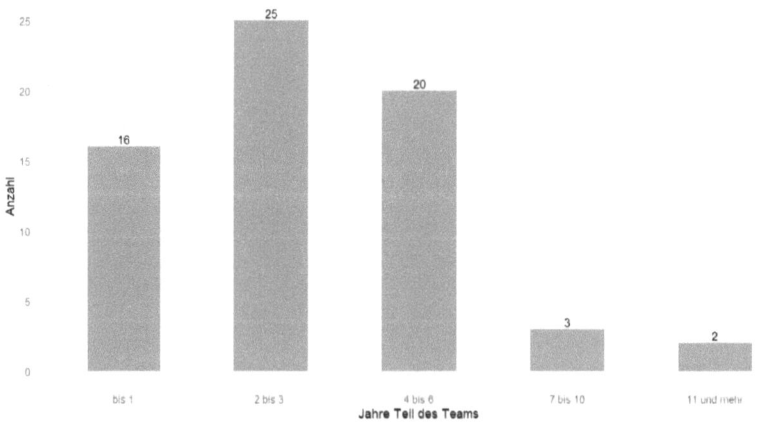

Quelle: Eigene Darstellung

5.1.3 Führungserfahrung der Teilnehmer

Von den 66 Teilnehmern besitzen 42 keine Führungserfahrung. Die restlichen 24 Teilnehmer haben Führungserfahrung, 15 davon führen aktuell noch eine Führungstätigkeit aus, die anderen elf haben ihre Führungsposition wieder abgelegt. 15 Teilnehmer mit Führungserfahrung haben oder hatten diese Rolle für ein bis drei Jahre inne. drei Teilnehmer geben an, mehr als 15 Jahre in einer Führungsposition gearbeitet zu haben, davon führen zwei diese allerdings nicht mehr aus. Der Median unter den Teilnehmern mit Führungserfahrung liegt bei 2,5 Jahren. Der Teilnehmer mit der längsten Führungserfahrung gab an 21 Jahre Erfahrung zu haben. Abbildung 11 fasst diese Beobachtungen zusammen.

Abbildung 11: Führungserfahrung der Teilnehmer

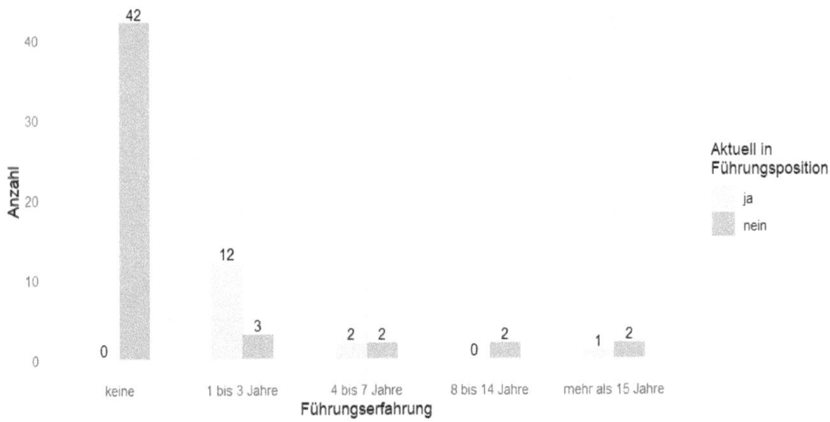

Quelle: Eigene Darstellung

5.1.4 High Performance Team Survey

Die Ergebnisse des High Performance Team Surveys sind in Abbildung 12 zusammengefasst. Die Antwortoptionen wurden aufsteigend von „strongly disagree“ mit 1 bis zur Antwortoption „strongly agree“ mit dem Wert 5 nummeriert. Der Medianwert liegt bei allen fünf Fragen bei 4. Der HPTS-Score berechnet sich für jeden Teilnehmer aus den Mittelwerten der fünf Fragen. In Abbildung 13 ist ein Histogramm der HPTS-Scores dargestellt, mit einer Schrittweite von 0,5.

Abbildung 12: Ergebnisse des High Performance Team Survey (HPTS)

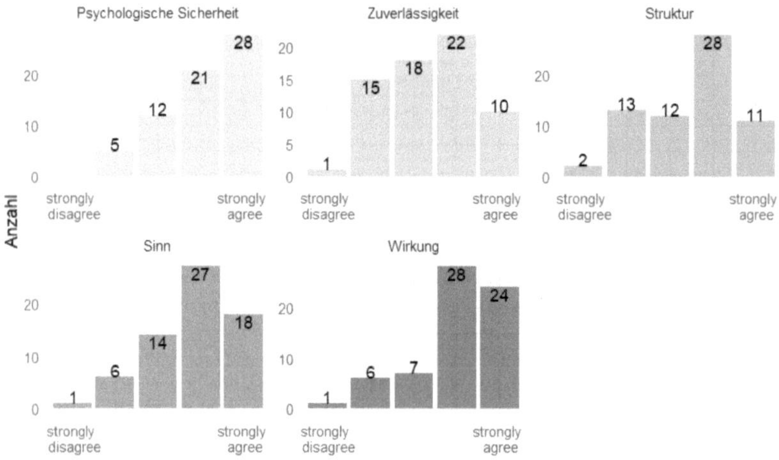

Quelle: Eigene Darstellung

Abbildung 13: HPTS-Scores

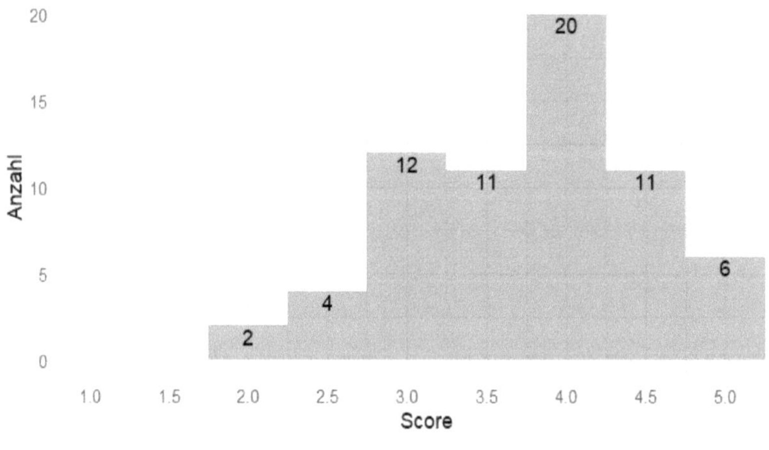

Quelle: Eigene Darstellung

Der Mittelwert des HPTS-Scores über alle Teilnehmer liegt bei 3,77 mit einer Standardabweichung von 0,72. Um den HPTS-Score später für Korrelationen zu nutzen, soll eine Normalverteilung der Daten vorliegen. Um dies zu zeigen, wird der Shapiro-Wilk-Test durchgeführt. Der Test hat als Hypothese, dass die Verteilung nicht normalverteilt ist, daher zeigt ein $p > 0,05$, dass von Normalverteilung der Daten ausgegangen werden kann. Die Scores sind nach dem Shapiro-Wilk-Test normalverteilt ($p = 0,12 > 0,05$).

5.1.5 Potentiale des Teams

Bei der Frage, wie sehr das eigene Team sein Potential ausschöpft antworteten 62 % der Teilnehmer, dass das Team sein Performance-Potential zu 75 % ausschöpft. Nur 6 % der Teilnehmer sehen deutlich mehr Performance-Potential in ihrem Team und geben an, dass das Team es nur zu 25 % nutzt. Sieben Teilnehmer geben an, dass das Team sein Performance-Potential voll ausschöpft. Beim Innovations-Potential ist die Verteilung deutlich breiter und deutlich mehr Teilnehmer geben an, dass hier das Potential des Teams nicht vollständig genutzt wird.

Abbildung 14: Potentiale des Teams

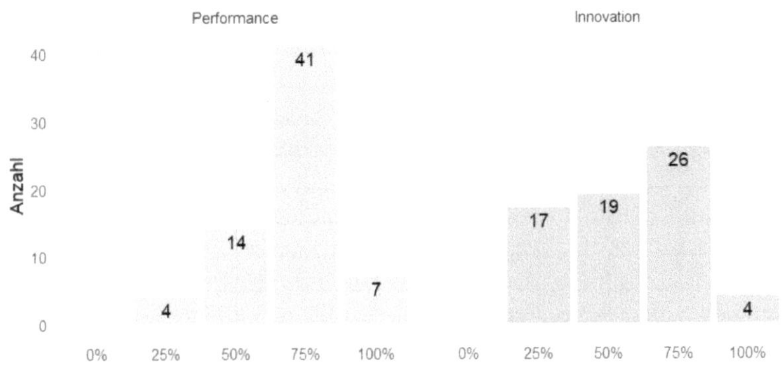

Quelle: Eigene Darstellung

5.1.6 Soziale Erwünschtheit-Gamma

Um einen möglichen Response Bias der Teilnehmer zu erfassen, wurde der Kurztest zum Sozialen Erwünschtheit Gamma (KSE-G) in den Fragebogen aufgenommen (Abbildung 15). Die Antworten werden in zwei Faktoren mit Wertebereichen zwischen 0 und 4 zusammengefasst. Der erste Faktor beschreibt, wie stark eine Person ihre positiven Qualitäten (PQ+) übertreibt, während der zweite Faktor andeutet, wie sehr eine Person ihre negativen Qualitäten (NQ-) minimiert. Hier fällt auf, dass die Teilnehmer ihre negativen Qualitäten stärker minimieren als ihre positiven Qualitäten hervorzuheben, was konsistent mit den Ergebnissen der Validierung KSE-G ist.[138] Die Mittelwerte der beiden Faktoren liegen bei 2,70 für PQ+ und bei 3,14 bei NQ-.

Abbildung 15: Soziale Erwünschtheit-Gamma

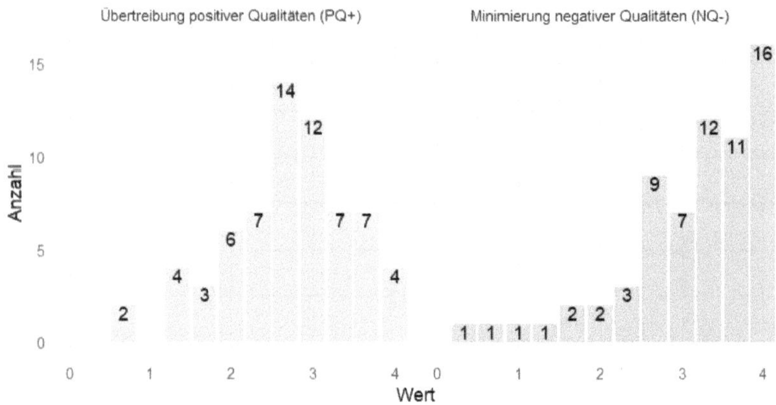

Quelle: Eigene Darstellung

5.2 Auswertung der Fragen zur individuellen Rangposition

Wie bereits in Kapitel 3.2.1 beschrieben, wurde im Fragebogen 32 Frageitems genutzt, die zur Konstruktion der fünf Rangpositionen dienten. In Abbildung 16 wird die Verteilung der Antworten und die dazugehörigen Konstrukte dargestellt. Auf der rechten Seite der Grafik sind die Anzahl der Antworten „Don't Know" auf die jeweiligen Frageitems angegeben. Hier treten besonders vier Frageitems hervor bei denen mehr als 10 % der Teilnehmer die Ausweichoption gewählt haben (Tabelle 8).

Eine Begründung für die fehlende Antworten könnte sein, dass die Teilnehmer die Frage nicht verstehen, zum Beispiel, da sie den Begriff „Cohesion" nicht kennen, oder sich nicht sicher sind wie diese Frage zu beantworten ist. Insgesamt sind über alle Fragen 3,8 % aller Antworten „Don't know".[139]

[138] Kemper et al. (2014).

[139] Dies entspricht 80 von insgesamt 2112 Antworten (32 Fragen x 66 Teilnehmer)

Abbildung 16: Fragen zur Rangposition

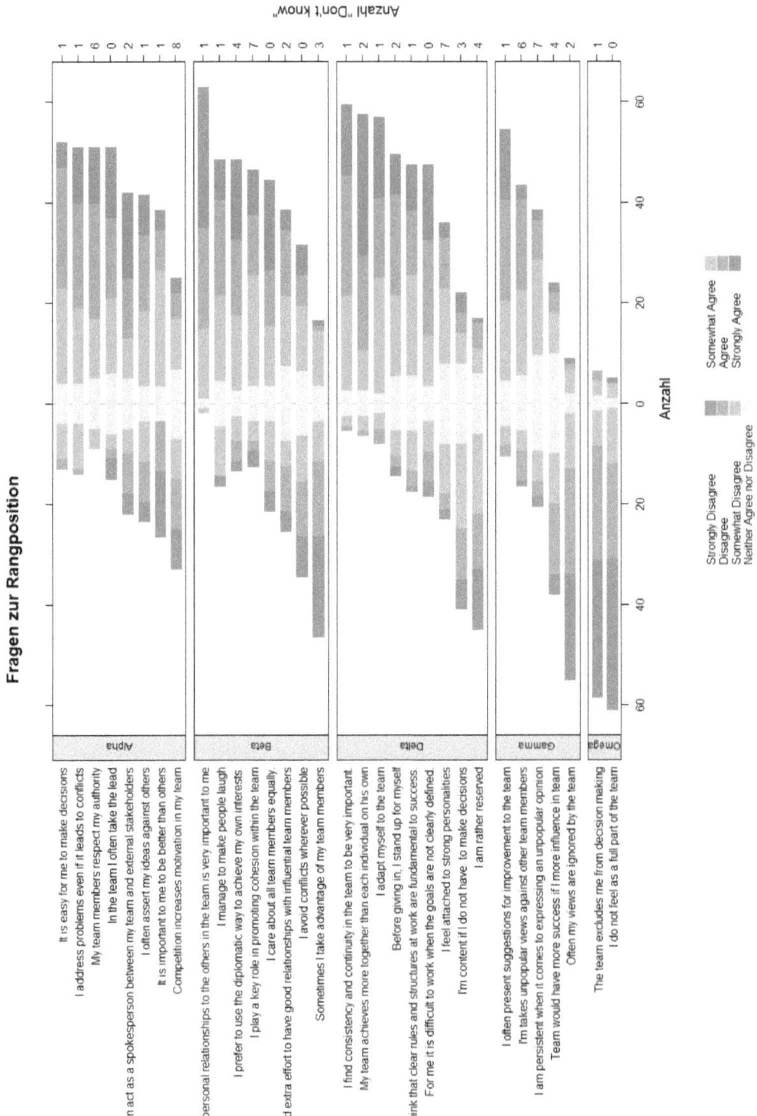

Quelle: Eigene Darstellung

Tabelle 8: Items mit den häufigsten "Don't know"-Antworten

Item	Fragetext	# "Don't know"
RD01_06	Competition increases motivation in my team.	8
GR03_13	I play a key role in promoting cohesion within the team.	7
GR03_23	I feel attached to strong personalities in the team.	7
GR03_28	I am persistent when it comes to expressing an unpopular opinion.	7

Quelle: Eigene Darstellung

Auffallend ist eine grundsätzlich eher positive Antworttendenz bei den Alpha- bis Gamma-Positionen, während die Antworten zur Omega-Position auf starke Ablehnung stießen. Um später auszuwerten, ob es Unterschiede in der wahrgenommenen Performance zwischen den einzelnen Positionen gibt, muss zunächst bestätigt werden, dass das beschriebene Modell durch die Daten bestätigt wird. Dazu wurde eine konfirmatorische Faktorenanalyse durchgeführt. Dazu werden die Testitems wie in Abbildung 16 dargestellt den Konstrukten (im Rahmen der CFA Faktoren genannt) zugewiesen. Die beschriebenen Zusammenhänge wurden in einem Messmodell dargestellt und damit als testbare Hypothese formuliert.

Grundsätzlich kann das Modell identifiziert werden, da das Gleichungssystem des Messmodels gelöst werden konnte. Die Nullhypothese des Modells muss verworfen werden (p = 0,000), somit haben die Daten keine Passung auf das Modell. Auch die Gütekriterien der CFA sind, wie in Tabelle 9 dargestellt, nicht erfüllt.

Tabelle 9: Gütekriterien der Confirmative Factor Analysis (CFA)

Gütekriterium	Grenzen für akzeptablen Fit	Vorliegendes Modell
Root Mean Square Error of Approx. (RMSEA)	RMSEA ≤ 0,05	0,157
Comparative Fit Index (CFI)	CFI ≥ 0,95	0,302
Tucker Lewis Index (TLI)	TLI ≥ 0,95	0,236
Standardized Root Mean Square Residual (SRMR)	SRMR ≤ 0,1	0,155

Quelle: In Anlehnung an Gäde et al., 2020, S.649 [140]

[140] Vgl. Gäde et al. (2020, S. 649).

Die Ausarbeitung der Positionen nach Schindler bzw. Vatter beruhen vor allem auf Beobachtungen von männlich geprägten Gruppen.[141] Daher wurde auch überprüft, ob ein Modellfit möglich ist, wenn die weiblichen Teilnehmer ausgeschlossen werden. Allerdings muss auch hier das Modell verworfen werden. Es ist anzunehmen, dass dies auch damit zusammenhängt, dass so die Stichprobenumfang noch weiter reduziert wurde (n = 51).

Die Begründung für den mangelhaften Modellfit können vielfältig sein. Eine Analyse der möglichen Ursachen folgt in Kapitel 6. Daher soll an dieser Stelle ein alternativer Weg eingeschlagen werden. Im Folgenden wird sich vom Modell nach Vatter und den bestehenden Konstrukten der rangdynamischen Rollen gelöst. Die Daten werden erneut betrachtet, ohne dass Annahmen über ein existierendes Modell getroffen werden.

Stattdessen soll durch eine explorative Faktorenanalyse (EFA) ermittelt werden, ob es andere latente Konstrukte gibt, die das Antwortverhalten der Teilnehmer beeinflussen. Dazu wurden Antwortausfälle in den Persönlichkeitsfragen in zwei Schritten vervollständigt. Zunächst wurden die vier Fragen mit besonders vielen Antwortausfällen aus der Analyse exkludiert. Anschließend wurden die verbliebenen fehlenden Datenpunkte durch die Mittelwerte der Frageitems ersetzt. Nach dem Ausschluss der Fragen mit hohen Antwortausfällen wurden 39 Werte ersetzt.

Der nun vollständige Datensatz wird nun zunächst auf die Nutzbarkeit in einer Faktorenanalyse überprüft. Wie in Kapitel 3.3.2 beschrieben, wurde zunächst das Kaiser-Meyer-Okin-Kriterium (KMO) geprüft. Mit einem KMO von 0,5 können die Daten als akzeptabel für eine EFA angesehen werden. Der Bartlett-Test ist auch signifikant ($p = 0{,}000 \ll 0{,}05$). Bei der Untersuchung, wie viele Faktoren extrahiert werden sollen deutet der Scree-Test und das Kaiser-Kriterium an, dass drei Faktoren gewählt werden sollten. Der Scree-Plot ist in Abbildung 17 dargestellt.

Die Faktorenanalyse zeigt, dass das Modell mit $p = 0{,}003$ signifikant ist. Die Ladungen der Frage-items auf die einzelnen Faktoren sind in Tabelle 10 dargestellt und werden wie folgt interpretiert.

Faktorladungen die einen Absolutwert von mehr als 0,3 haben werden in der Darstellung hervorgehoben. Auf den Faktor 1 laden verschiedene Fragen, die auf eine eher egoistische und kompetitive Persönlichkeit hindeuten, die aber eher aus dem Team exkludiert werden. Dies zeigt sich unter anderem durch starke Ladungen auf die Frageitems "*It is important to me to be better than others*" (RD01_05), "*Often my views are ignored by the team*" (RD01_27) und die negative Ladung von "*I adapt myself to the team*" (RD01_16).

[141] Vgl. Vatter (2022, S. 8).

Abbildung 17: Scree-Plot der EFA

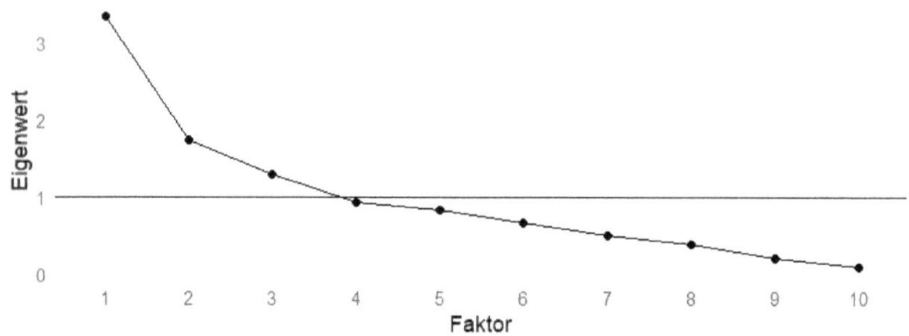

Quelle: Eigene Darstellung

Auf Faktor 2 laden vor allem Items mit einem Fokus auf Führung und Verbesserung der Teamzusammenarbeit. "*In the team I often take the lead*" (RD01_01) lädt mit 0,87 dabei besonders stark auf den Faktor. Die starken Ladungen durch "*I often act as a spokesperson between my team and external stakeholders*" (RD01_32), "*I often present suggestions for improvement to the team*" (RD01_26) und "*I often assert my ideas against others*" (RD01_02) ergeben eine schlüssige Interpretation dieses Faktors.

Auf Faktor 3 laden teils widersprechende Frageitems, die eine Interpretation erschweren. Auf der einen Seite sind es eher zurückhaltende Persönlichkeitseigenschaften. "*I avoid conflicts wherever possible*" (RD01_08), aber gleichzeitig laden die Frageitems "*I am rather reserved*" (RD01_21) schwach negativ (-0,33) und "*Before giving in, I stand up to myself*"(RD01_20) leicht positiv (0,37) auf den Faktor. Des Weiteren laden zwei Items auf diesen Faktor die beschreiben, dass die Person Struktur bevorzugt: "*I think that clear rules and structures at work are fundamental to success.*" (RD01_19) und "*For me it is difficult to work when the goals are not clearly defined.*" (RD01_18).

Anschließend wurden die Faktorwerte mit dem Regressionsverfahrens nach Thomson berechnet.[142] Es wird jedem Teilnehmer jeweils ein Wert für jeden der drei Faktoren zugewiesen. Damit wird die Komplexität der 32 Fragen auf die drei Faktoren reduziert, mit denen im Folgenden weitere Untersuchungen durchgeführt werden können.

Zunächst soll überprüft werden, ob Personen mit einem hohen Faktor 2 tatsächlich eine Führungscharakter zeigen, indem der Faktorwert der Teilnehmer mit der relativen Position korreliert wird, die die Personen bei den Gruppenfragen angegeben haben. Die relative Position berechnet sich dabei aus der Zahl der Gruppenmitglieder

[142] Thompson (2004).

und der eigenen Einschätzung zum Rang innerhalb der Gruppe. Dabei kann diese relative Position Werte zwischen 0 (unterster Rang) und 1 (oberster Rang) annehmen. Die relative Position korreliert mit Faktor 2 (R = 0,67, p = 0,000).

Faktor 1 korreliert schwach negativ mit den HPTS-Scores (R = -0,41, p = 0,001) und den Performance-Scores (R = -0,38, p = 0,002). Für Faktor 2 zeigt die Korrelation mit den HPTS-Scores eine geringe, aber signifikante Effektstärke (R = 0,27, p = 0,028) während für Faktor 3 keine signifikante Korrelation festgestellt werden konnte (p = 0,09) (Tabelle 11). Aus der Tabelle kann entnommen werden, dass Faktor 2 und Faktor 3 keine signifikanten Korrelationen zeigen, während Faktor 1 sowohl positiv mit der Übertreibung positiver Qualitäten als auch negativ mit der Minimierung negativer Qualitäten korreliert. Nicht signifikante Korrelationen sind in Grau dargestellt.

Auch wenn die CFA die Positionen nach dem Modell von Vatter in den erhobenen Daten nicht nachweisen kann, zeigt die explorative Faktorenanalyse drei latente Konstrukte, die eine Differenzierung der Teilnehmer ermöglichen. Die Stärke der Ausprägung der Faktoren 1 und Faktor 2 hat dabei einen signifikanten Einfluss auf die wahrgenommene Effizienz des eigenen Teams.

5.3 Auswertung der Fragen zur Gruppendynamik

Die 18 Fragen zur Gruppendynamik werden im folgenden Kapitel auch noch einzeln genutzt, um einige Trends in der Gruppendynamik genauer zu betrachten. Allerdings sollten sie auch ganzheitlich betrachtet werden.

Dazu wurde eine explorative Faktorenanalyse durchgeführt. Es wurde wieder zunächst das Kaiser-Meyer-Olkin-Kriterium berechnet, um sicherzustellen, dass eine Faktorenanalyse durchgeführt werden kann. Das KMO beträgt für den Datensatz der Gruppendynamischen Fragen (GR03_01-GR03_18) 0,68 und ist damit „mittelmäßig" aber dennoch größer als der Schwellenwert von 0,5, unter dem eine Faktorenanalyse nicht mehr durchgeführt werden sollte.[143]

Um zu bestimmen, wie viele Faktoren extrahiert werden sollen wurde erneut der Scree-Test durchgeführt.[144] Dieser zeigte an, dass zwei Faktoren extrahiert werden sollten. Dies wird auch durch das Kaiser-Kriterium bestätigt.

[143] Vgl. Backhaus et al. (2018, S. 379).
[144] Vgl. Backhaus et al. (2018, S. 397).

Tabelle 10: Faktorladungen

RD01_	Fragetext	F. 1	F. 2	F. 3
01	In the team I often take the lead	0,12	**0,87**	-0,05
02	I often assert my ideas against others	0,22	**0,51**	-0,05
04	It is easy for me to make decisions	-0,09	**0,44**	-0,16
05	It is important to me to be better than others	**0,69**	0,21	0,04
07	I address problems even if it leads to conflicts	-0,08	**0,39**	-0,05
08	I avoid conflicts wherever possible	0,05	-0,22	**0,44**
09	A good personal relationship to the others in the team is very important to me	**-0,43**	-0,01	0,28
10	I prefer to use the diplomatic way to achieve my own interests.	0,00	0,16	0,06
11	Sometimes I take advantage of my team members	0,15	0,01	0,07
12	I manage to make people laugh	-0,22	-0,23	0,01
14	I spend extra effort to have good relationships with influential team members	**0,40**	0,23	-0,07
15	My team achieves more together than each individual on his own	**-0,34**	**0,34**	-0,23
16	I adapt myself to the team	**-0,51**	0,04	-0,03
17	I find consistency and continuity in the team to be very important.	**-0,53**	-0,01	0,19
18	For me it is difficult to work when the goals are not clearly defined.	0,04	-0,22	**0,31**
19	I think that clear rules and structures at work are fundamental to success.	-0,06	-0,03	**0,84**
20	Before giving in, I stand up for myself	0,16	0,3	**0,37**
21	I am rather reserved	0,02	-0,23	**-0,33**
22	I'm content if I do not have to make decisions	-0,05	-0,24	-0,05
25	Team would have more success if I more influence in team	**0,47**	0,14	0,26
26	I often present suggestions for improvement to the team	-0,08	**0,52**	-0,12
27	Often my views are ignored by the team	**0,56**	0,03	0,09
29	I do not feel as a full part of the team	**0,36**	-0,14	-0,07
30	The team excludes me from decision making	**0,39**	-0,24	-0,22
31	I care about all team members equally.	**-0,59**	0,02	0,06
32	I often act as a spokesperson between my team and external stakeholders	-0,13	**0,46**	0,29

Quelle: Eigene Darstellung

Tabelle 11: Korrelationen der Faktorwerte

	Faktor 1		Faktor 2		Faktor 3	
	R	p	R	p	R	P
Performance Score	-0,38	0,002	0,25	0,039	-0,18	0,154
HPTS-Score	-0,41	0,001	0,27	0,028	-0,21	0,091
Soziale Erwünschtheit NQ-	-0,43	0,000	-0,14	0,270	-0,02	0,860
Soziale Erwünschtheit PQ+	0,55	0,000	-0,01	0,910	0,16	0,190

Quelle: Eigene Darstellung

Anschließend wurde eine Faktorenanalyse durchgeführt, um die zwei Faktoren zu extrahieren. Die Faktorladungen sind in Tabelle 12 dargestellt. Bei der Interpretation der Faktorladungen zeigt sich, dass auf den ersten Faktor vor allem Frageitems laden, die Kollaboration im Team beschreiben. Die Teammitglieder unterstützen sich gegenseitig, jedes Teammitglied kann seine Ideen offen beitragen und das Team investiert Zeit in die Verbesserung der Zusammenarbeit. Der zweite Faktor gruppiert Fragen, die auf Konflikte innerhalb des Teams hindeuten. Schwierigkeiten von Mitgliedern, ins Team integriert zu werden, ein Teammitglied sollte aus dem Team genommen werden, ein Mitglied sorgt für schlechte Laune im Team bzw. trägt nichts bei. Erwähnenswert ist dabei auch, dass die Frage, ob die Arbeit im Team harmonisch ist, auf beide Faktoren lädt, allerdings unterschiedlich gepolt (positiv auf Faktor 1, negativ auf Faktor 2).

Fragen, die laut der Faktorenanalyse nicht auf die Faktoren laden sind unter anderem die Frage, ob es im Team oft „Arguments“ bzw. Auseinandersetzungen gibt (GR03_02). Das ein Item nicht auf einen Faktor lädt, bedeutet nicht zwingend, dass es grundsätzlich keine relevanten Informationen enthält. Es bedeutet lediglich, dass diese einen geringen Einfluss auf die dargestellten Faktoren haben. Man kann daraus nicht schließen, dass das Item „nicht relevant“ für den Fragebogen als Ganzes ist. Alternativ könnte es sein, dass die Frage von den Teilnehmern unterschiedlich interpretiert wurde, was zu einer Vermischung der Tendenzen dieser Frage führen könnte. So könnte man „Arguments“ sowohl mit „Streiterei“, „Auseinandersetzung“, als auch „Diskussion“ übersetzen.

Tabelle 12: Faktorladungen Gruppenfragen

ID	Fragetext	Faktor 1	Faktor 2
GR03_01	In my team, we like to work and learn together and support each other.	**0,76**	-0,17
GR03_02	In my team, there are often arguments.	-0,18	0,25
GR03_03	In my team, criticism is dealt with openly.	**0,46**	-0,20
GR03_04	In my team, some find it difficult to connect with the other members.	0,07	**0,59**
GR03_05	In my team, there were/are conflicts about the leadership position.	-0,22	**0,45**
GR03_06	I would prefer a particular member to be taken out of my team.	-0,05	**0,70**
GR03_07	In my team, work is harmonious.	**0,50**	**-0,44**
GR03_08	In my team, everyone can contribute their ideas on an equal basis.	**0,68**	-0,27
GR03_09	In my team, everyone receives all necessary information and resources regardless of their position.	**0,60**	-0,07
GR03_10	In my team, there's one member that significantly contributes to the good mood.	-0,03	0,14
GR03_11	In my team, there's one member that significantly contributes to the bad mood.	-0,08	**0,68**
GR03_12	In my team, members are played off against each other.	-0,15	**0,42**
GR03_13	In my team, there's one member that does not contribute.	-0,03	**0,69**
GR03_14	In team meetings, there is a single person having most of the speaking time.	-0,16	0,20
GR03_15	In my team, there are sometimes very emotional discussions (raised voices, shouting, etc.).	-0,17	**0,30**
GR03_16	In my team, there is a clear hierarchy.	-0,08	-0,27
GR03_17	We spend time to improve our team.	**0,73**	0,09
GR03_18	In my team, decisions are made as a group.	**0,68**	0,20

Quelle: Eigene Darstellung

5.4 Wirkung der Gruppendynamik

Die Hypothesen, die in Kapitel 3.2.2 aufgestellt wurden, sollen im Folgenden überprüft werden. Dazu werden die Faktorwerte von Faktor 1 als Quantifizierung einer positiven Gruppendynamik gewählt. Um zu testen, ob Hypothese 1 gültig ist und eine Korrelation zwischen den Faktorwerten von Faktor 1 und den HPTS-Werten vorliegt, wird eine Korrelationsanalyse durchgeführt. Zunächst wurden nachgewiesen, dass die HPTS-Scores der Teilnehmer normalverteilt ist, indem der Shapiro-Wilk-Test durchgeführt wurde (siehe Kapitel 5.1.4). Daher kann mit der Berechnung der Pearson-Korrelation fortgefahren werden, die einen signifikanten, stark positiven Zusammenhang zwischen den Faktorwerten des ersten Faktors und dem HPTS-Score zeigt (R = 0,67, p = 0,000). Damit kann Hypothese 1 angenommen werden.

Hypothese 2 formuliert, dass die Existenz mehrerer Alphas im Team dazu führt, dass die Leistung des Teams absinkt. Dazu wurde die Antworttendenz der Teilnehmer auf die Frage zur Gruppendynamik innerhalb des Teams "*In my team, there were/are conflicts about the leadership position*" (GR03_05) korreliert mit dem berechneten HPTS-Score der Teilnehmer. Die Antworten auf das Frageitem sind in der Likert-Skala ordinalskaliert, daher wird die Korrelation mittels der Spearman Methode gerechnet, die keine Normalverteilung der Daten erfordert.

In Abbildung 18 wird die Korrelation zwischen dem HPTS-Score und den Konflikten um die Führungsposition gezeigt. Der Korrelationskoeffizient ist mit R = -0.42 schwach negativ, aber signifikant (p < 0,05). Es kann somit angenommen werden, dass Rangkonflikte um die Führungsposition die Effektivität des Teams negativ beeinflussen. Die Anwesenheit einer formalen Führungskraft im Team hat keinen signifikanten Einfluss auf das Antwortverhalten auf die Frage nach Rangkonflikten, wie durch eine einfaktorielle Varianzanalyse gezeigt werden kann (p = 0,59 > 0,05).

Abbildung 18: Korrelation HPTS und Konflikte um Führungsposition

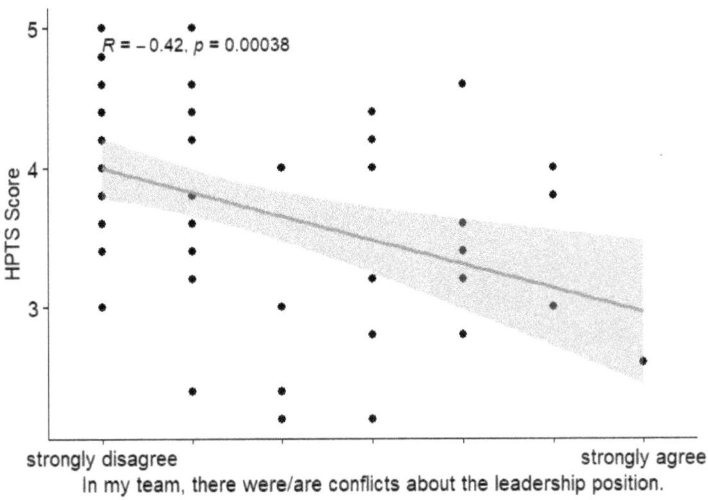

Quelle: Eigene Darstellung

Es können keine Mittelwertunterschiede zwischen den beiden Gruppen (Team mit formaler Führungskraft / Team ohne formale Führungskraft) in Bezug auf die Frage nach Rangkonflikten festgestellt werden.

Abschließend soll noch Hypothese 3 getestet werden. Hypothese 3 beschreibt, dass die Präsenz einer Person, die sich in der Omega-Position befindet, die wahrgenommene Leistung des Teams senkt. Dazu wurden 2 Frageitems kombiniert, die beide die Ausgrenzung eines Gruppenmitglieds abfragen: "*In my team, there's one member that does not contribute*" (GR03_13) und "*I would prefer a particular member to be taken out of my team*" (GR03_06). Die Frageitems wurden kombiniert indem für jeden Teilnehmer der Mittelwert der Antworten berechnet wurde. Anschließend wurde dieser Wert mit dem HPTS-Score korreliert. Hier kann eine schwache Korrelation festgestellt werden (R = 0,49, p = 0,000). Somit wird Hypothese 3 angenommen.

5.5 Weitere Erkenntnisse

Die relative Rangposition der Teammitglieder innerhalb ihres Teams konnte aus der Teamgröße und der Selbsteinschätzung der eigenen Rangposition berechnet werden. Das Ergebnis wird als relativer Rang bezeichnet und ist zwischen 0 und 1 skaliert. Ein relativer Rang von 0 bedeutet, dass sich der Teilnehmer als letztes in der Rangordnung des Teams sieht. Bei einem Wert von 1 sieht er sich als Führer der Gruppe. Bei einer Korrelation zwischen den HPTS-Scores und dem relativen Rang fällt auf, dass diese schwach positiv korrelieren (R = 0,38, p = 0,002). Teilnehmer, die sich selbst höher in der Rangordnung der Gruppe sehen, nehmen die Effizienz der Gruppe als höher wahr. Es konnte keine Korrelation zwischen dem relativen Rang und dem Innovations- bzw. Performance Potential des Teams festgestellt werden (p = 0,07). Der Mittelwert des HPTS-Scores ist unter Teilnehmern, die angeben Führungskräfte zu sein, mit 4,13 etwas höher als bei Teilnehmern ohne Führungserfahrung. Hier beträgt der Mittelwert lediglich 3,66. Die Mittelwertunterschiede stellen sich bei Durchführung des t-test als statistisch signifikant heraus (p = 0,02).

Es wurde außerdem untersucht, ob die Mitgliedschaft eines formalen Managers innerhalb des Teams eine Auswirkung auf die Präsenz von Konflikten um die Führungsposition hat. Eine Annahme wäre, dass die Anwesenheit der Führungskraft die Rangstruktur zwar formal festlegt, es aber dadurch zu Spannungen zwischen einem informellen Alpha und der formalen Führungskraft kommen kann. In den Ergebnissen sind Mittelwertunterschiede sichtbar, aber nicht statistisch signifikant nachweisbar. Während in Teams mit Führungskraft der Mittelwert der Antworten auf die Frage „*In my team, there were/are conflicts about the leadership position*" (GR03_05) bei 2,41 liegt, liegt dieser bei Gruppen ohne Führungskraft im Team etwas geringer bei 2,2.

6 Interpretation und Diskussion

Die explorative Faktorenanalyse der Fragen zur individuellen Rangposition zeigt drei Faktoren auf. Bei der Interpretation der Faktoren zeigen sich Persönlichkeitsmuster, die eine Person im Team zeigen kann. Die Faktorenanalyse klassifiziert einzelnen Personen nicht in Rollen. Stattdessen wird jeder Person für jeden Faktor ein Werte zugewiesen, der eine Tendenz angibt, wie stark das Persönlichkeitsmuster in der Person ausgeprägt ist.

Im Falle von Faktor 1 ist das eine Persönlichkeit, der es wichtig ist, besser als andere zu sein und die denkt, dass es der Gruppe besser täte, wenn sie mehr Einfluss auf die Entscheidungen hätte. Gleichzeitig fühlt sie sich aber auch nicht als Teil der Gruppe, wird von ihr ausgeschlossen und hat auch wenig Interesse sich der Gruppe anzupassen. Die gezeigten Korrelationen zwischen den Scores des Faktors 1 und den HPTS bedeutet, dass Personen, die ein negatives Bild von ihrem Team haben und gleichzeitig kompetitiv und egoistisch agieren auch die Effektivität ihres Teams negativer einschätzen. Außerdem tendieren Teilnehmer mit einem hohen Faktor 1 dazu, ihre positiven Qualitäten zu übertreiben und ihre negativen Qualitäten zu mindern, was konsistent mit der egoistischen Haltung der Persönlichkeit ist.

Faktor 2 beschreibt Persönlichkeiten mit Führungseigenschaften. Sie übernehmen die Führung und versucht die Arbeit im Team zu verbessern. Die Faktorwerte korrelieren positiv mit der relativen Position ($R = 0{,}67$, $p = 0{,}000$). Außerdem ist der Mittelwert des Faktor 2 bei Teilnehmern, die angeben Führungskraft zu sein, deutlich höher als bei Teilnehmern ohne Führungserfahrung (FK: 0,7; keine FK: -0,21, t-test: $p = 0{,}000$). Dies legt nahe, dass der Faktor tatsächlich den Führungsanspruch zusammenfasst.

Faktor 3 zeigt widersprüchliche Eigenschaften, und die Faktorwerte der Teilnehmer korrelieren weder mit der Performance noch mit dem Alter. Es zeigen sich auch keine unterschiedlichen Ausprägungen im Geschlecht oder in Bezug auf die Führungstätigkeit der Teilnehmer.

6.1 Vergleich mit dem Modell nach Vatter

Es kann in dieser Arbeit nicht gezeigt werden wie sich die Teilnehmer und ihre Antworten auf die Fragen zur Rangposition direkt auf das Basismodell von Vatter zuweisen lassen. Dies wirft die Frage auf, ob die Positionen so strikt definiert werden können, oder ob die Fragen eventuell zu breit formuliert wurden, sodass eine genaue Zuweisung auf einzelne Positionen nach Vatter nicht möglich war. Diese und weitere Ursachen, warum das Modell nicht direkt nachgewiesen werden konnte, werden im

Folgenden genauer beschrieben. An dieser Stelle soll versucht werden die soeben beschriebenen Persönlichkeitsmuster mit den Strategien der nach Vatter definierten Positionen zu vergleichen. Es wird angenommen, dass die Faktoren auf ein Modell hindeuten, dass sich orthogonal zu dem von Vatter beschriebenen Modell verhält.

Faktor 1 würde am ehesten der Gamma-Position entsprechen. In den Frageitems des Faktors wird die Unzufriedenheit mit dem Team und die rebellische Tendenz deutlich. Die von Vatter beschriebenen möglichen Anfeindungen zeigen sich in den hohen Ladungen der Fragen zur Omega-Position.[145]

Faktor 2 setzt sich aus Fragen zusammen, die stark auf die Alpha-Position deuten. Fast alle der Alpha-Position zugewiesenen Fragen laden stark auf diesen Faktor. Eine Ausnahme ist die Frage "*It is important to me to be better than others.*" (RD01_05). Hier könnte es sein, dass die informellen Führer im Team weniger den Anspruch haben besser als andere zu sein, und einsehen, dass sie Experten brauchen, um ihre Teamziele zu erreichen und sich daher nicht als „besser" ansehen. Außerdem wird in Faktor 2 das Unterbreiten von Verbesserungsvorschlägen stark gewichtet, Die Frage "*I often present suggestions for improvement to the team*" (RD01_26). Hier könnte man argumentieren, dass auch Alphas Vorschläge machen, wie die Gruppe besser werden kann, nur werden diese eher durchgesetzt als zur Debatte gestellt.

6.2 Wahrnehmung der Effizienz

Die Arbeit beschäftigt sich mit der Effizienz der Teams und der wahrgenommenen Performance der Teilnehmer. Auch wenn die Messung des HPTS-Scores mit einem bereits erprobten Messinstrument durchgeführt wird, so kann es sein, dass die im Fragebogen angegebene Effektivität von der tatsächlichen Effektivität des Teams abweicht. Die Kennzahl PQ+ des soziale Erwünschtheit Gamma, sagt aus, wie sehr eine Person versucht seine positiven Qualitäten zu übertreiben. Korreliert man diese mit dem HPTS-Score der Teilnehmer zeigt sich eine signifikante, positive Korrelation ($R = 0{,}34$, $p = 0{,}005$). Auch zwischen dem Potential der Teamperformance und PQ+ kann ein schwacher positiver Zusammenhang gezeigt werden ($R = 0{,}28$; $p = 0{,}01$). Es kann also sein, dass die Daten durch die positive Selbstdarstellung der Teilnehmer verzerrt sind. Trotz dieser Verzerrung ist die wahrgenommene Leistung dennoch ein valider Indikator für diese Auswertung, da angenommen werden kann, dass das PQ+ zur Persönlichkeit des Teilnehmers gehört und somit seine Antworten ganzheitlich verzerrt werden. An dieser Stelle soll auch zur Diskussion gestellt werden, dass die positive Übertreibung der eigenen Qualitäten auch eine Strategie innerhalb der

[145] Vgl. Vatter und Kugler (2022) Kap 4. Abs 5

Gruppe sein kann. Es wäre möglich, dass eine Person in der Alpha-Position so ihren Rang in der Gruppe gewinnt, auch wenn dies im Laufe der Zeit zu Konflikten führen kann, sobald die Gruppe realisiert, dass der Führungsanspruch auf einer solchen Übertreibung aufgebaut ist. Eine Untersuchung zu diesem Zusammenhang sollte in einer weiteren Arbeit folgen.

6.3 Einfluss der Gruppendynamik

Nach der Erhebung der wahrgenommenen Performance und Effizienz der Teams, wurde diese auch im Zusammenhang mit der Gruppendynamik betrachtet. Bei der Untersuchung von Hypothese 1 wurde gezeigt, dass ein Zusammenhang zwischen positiver Gruppendynamik und einem kooperativen Teamsetting und der wahrgenommenen Leistung besteht. Kollaboration, Zugang zu Informationen und Zeit für die Verbesserung des Teams wirken sich positiv auf die Leistung des Teams aus.

Rangdynamische Prozesse können als Teamprozesskosten aufgefasst werden. Konflikte um die Führungsposition innerhalb des Teams sind Prozesskosten, da sie die Entscheidungsfindung des Teams beeinflussen. Ohne klaren Gruppenführer, der eine Richtung vorgibt, wird die Rangordnung diskutiert. Diese Verluste gehen zu Lasten der Effizienz des Teams, was sich in Hypothese 2 zeigt.

Bei der Wahrnehmung eines Omegas im Team kommt es auch zu einer Reduktion der Effizienz des Teams. Dies ist allerdings zu einem gewissen Grad erwartet. Gerade wenn eine Person aussagt, dass ein Mitglied in seinem Team zu wenig Leistung erbringt, ist es möglich, dass das auch bei der Evaluation der insgesamten Effizienz des Teams berücksichtigt wird.

Tabelle 13: Zusammenfassung der Ergebnisse

Zwischenziel 1	Es ist möglich anhand des Fragebogens den Teilnehmern eine der Positionen nach Vatter zuzuweisen.	✗
Hypothese 1	Eine positive Gruppendynamik im Team wirkt sich positiv auf die wahrgenommene Leistung des Teams aus.	✓
Hypothese 2	Falls im Team mehrere Alphas wahrgenommen werden, wird die Leistung im Team niedriger bewertet.	✓
Hypothese 3	Falls im Team ein Omega wahrgenommen wird, wird die Leistung des Teams niedriger bewertet.	✓

Quelle: Eigene Darstellung

6.4 Reflexion der Methodik

Im folgenden Kapitel soll nun der Forschungsansatz kritisch hinterfragt werden, um die Methodik in der nachfolgenden Forschung zu verbessern und damit zur empirischen Validierung des Modells nach Vatter beizutragen.

In diesem Kapitel soll abschließend eine differenzierte Betrachtung der gewählten Methodik und der Art der Datenerhebung stattfinden, die für zukünftige Arbeiten an dem Thema berücksichtigt werden kann, um die Erforschung des Modells weiter zu verbessern. Des Weiteren sollen weitere Forschungsschritte identifiziert werden.

In dieser Arbeit wurde eine empirische Datenerhebung durchgeführt. Zum einen basierend auf etablierten Messinstrumenten (HPTS, soziale Erwünschtheit-Gamma), zum anderen aber auch aufgebaut aus bisher noch nicht nachgewiesenen Konstrukten (Fragen zur Gruppendynamik und Gruppenposition). Ein Ziel der Arbeit war, die Existenz der Konstrukte zu validieren und damit auch die Positionen nach Vatter empirisch zu validieren. Dies ist aus mehreren Gründen nicht vollständig gelungen und einige Erkenntnisse aus der Arbeit sollen kurz aufgezeigt werden. In Abbildung 19 werden verschiedene Fehlerursachen in einem Ishikawa-Diagramm dargestellt, die im Folgenden erläutert werden.

Bei der Analyse der Fragen zur individuellen Rangposition war ein wesentlicher Einflussfaktor die geringe Anzahl der Untersuchungsteilnehmer. Hier ist anzunehmen, dass es aufgrund des Verhältnisses zwischen Messvariablen (n = 32) und gültigen Teilnehmern (n = 66) nicht möglich war bessere Ergebnisse zu erzielen, da eine Reduktion der Dimensionen aufgrund der geringen Teilnehmeranzahl immer ungenau sein wird. Aufgrund des Ziels dieser Arbeit, die Teameffizienz zu untersuchen, wurde sich dazu entschlossen die Untersuchung vor allem auf Arbeitsteams zu beschränken, was zu einem geringeren Pool an möglichen Teilnehmern geführt hat.

Es wäre zu empfehlen, die Untersuchung an der Team Performance und Effizienz bis zur empirischen Validierung der Frageitems und des Modells qualitativ durchzuführen. Diese qualitative Erhebung kann auch dazu genutzt werden die Frageitems zu optimieren.

Hier wäre nochmals zu untersuchen, ob die Annahmen des Modells und der psychologischen Konstrukte, die dieser Arbeit zugrunde liegen, wirklich zutreffend sind. Außerdem sollte bei der erneuten Erstellung der Items nochmals untersucht werden, ob die Fragen wirklich nur eindeutig einer Position zuträglich sind oder ob in dem Modell eine Antwort gleichzeitig mehreren Positionen zugerechnet werden kann. Einerseits sollte damit erreicht werden, dass die einzelnen Frageitems eine hohe Trennschärfe zeigen. Andererseits sollten auch die Fragen, die einer einzelnen Position zugeordnet sind, eine möglichst kleine Korrelation mit Fragen zu anderen Positionen haben. Es wird des Weiteren empfohlen, die Anzahl der Fragen und damit die Anzahl der Messvariablen zu reduzieren um dem „Fluch der Dimensionalität“ entgegenzuwirken.[146]

Obwohl es bereits nicht gelang, das Modell durch Umfragen zu validieren, sollte dieses Vorgehen nicht verworfen werden. Die Rangpositionen durch eine Selbst- oder Fremdeinschätzung zu bestimmen und daraus Optimierungspotentiale in Teams abzuleiten, zeigt in den Augen des Autors ein hohes Potential. Um dies zu erreichen, muss weiter erforscht werden, wie die Positionen des Modells gezielt abfragt werden können. Es empfiehlt sich sowohl eine qualitative Untersuchung anzustreben, in der komplette Teams beobachtet werden, sodass eine Zuweisung der Positionen auch durch einen Experten vorgenommen werden kann. Diese Erkenntnisse können dann als Kontrollparameter in die Ausarbeitung des Fragebogens mit einfließen.

Des Weiteren sollten nachfolgende Forscher sich sehr bewusst entscheiden, ob sie eine Ausweichoption im Fragebogen zulassen wollen. Auf der einen Seite kann ein Teilnehmer, der nicht weiß, wie er auf ein Frageitem antworten soll die Daten verfälschen. Andererseits mussten in dieser Arbeit Verfahren zur Imputation eingesetzt werden, um die Antwortausfälle statistisch zu schätzen, die einen unbestimmten Effekt auf die Antwortqualität haben können.

Das IPO-Modell zeigt auf, dass es sich bei der Teameffektivität um ein sehr komplexes Konstrukt handelt, das von vielen Faktoren beeinflusst wird. In dieser Arbeit wurde die Gruppendynamik als ein wesentlicher Faktor der Teamprozesse betrachtet, allerdings konnten aufgrund des Untersuchungsdesigns andere Einflussfaktoren nicht kontrolliert werden.[147] So ist zum Beispiel die Umwelt, in der das Team zusammenarbeitet, auch ein wesentlicher Einflussfaktor des IPO-Modells, der in dieser Studie aber nicht überprüft werden konnte. Somit ist deren Einfluss nicht bekannt. Hier könnte eine Untersuchung in einer kontrollierten Umgebung zu einer besseren Kontrolle über die Einflussfaktoren führen.

Gerade in Hinblick auf die Ergebnisse der Kurzskala zur sozialen Erwünschtheit, wäre es außerdem interessant, die Fragen zu den Positionen mittels einer externen Sicht zu validieren. Die Untersuchung des gesamten Teams mittels der in Kapitel 2.3.2 vorgestellten Methodik in Kombination mit der Anwendung des Fragebogens zur Ermittlung der individuellen Rangpositionen nach Vatter könnte ein besseres Bild über die Vorgänge im Team geben und würde neben der Introspektion auch weitere Messwerte liefern, die durch Fremdbeobachtung entstanden sind und damit die Validität der Daten erhöhen.

[146] Vgl. Verleysen und François (2005, S. 761).
[147] Vgl. Greer et al. (2018, S. 591).

Abbildung 19: Fehlerursachen Diagramm

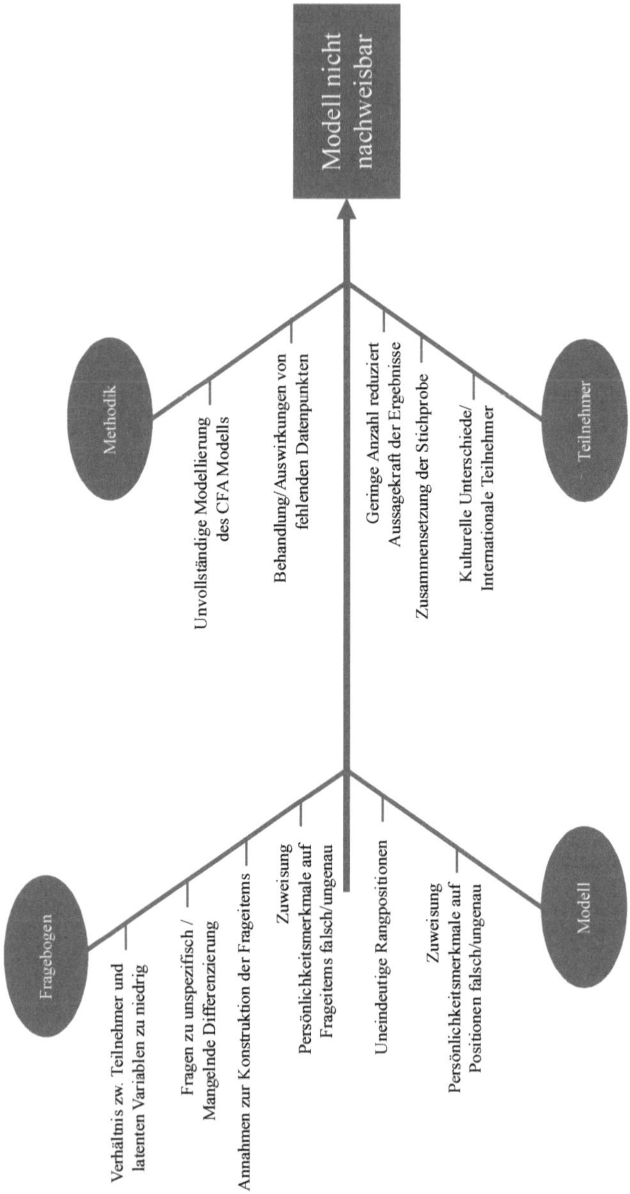

Quelle: Eigene Darstellung

7 Zusammenfassung und Fazit

In dieser Arbeit wurde untersucht, wie sich die Effizienz von Teams messen lässt und wie die Gruppendynamik und die individuellen Positionen im Modell nach Vatter diese Effizienz beeinflussen kann. Dazu wurde ein Fragebogen konstruiert, mit dem sowohl die Effizienz von Teams abgefragt wurde als auch verschiedene gruppendynamische Merkmale und Fragen zur Persönlichkeit.

Es wurden 3 Faktoren aufgezeigt, nach denen die Teilnehmer unterschieden werden können und dass die Ausprägung der ersten zwei Faktoren einen signifikanten Einfluss auf die wahrgenommene Effizienz des eigenen Teams hat. Egoistische und kompetitive Teilnehmer sehen ihr Team als weniger effektiv und performant an. Je stärker der Teilnehmer Züge zur Förderung des Teams und Führung zeigt, desto effektiver beschreibt er auch sein Team.

Genauso zeigen positive Aspekte der Gruppendynamik, wie Kooperation und gemeinsames Lernen innerhalb des Teams, einen signifikanten Einfluss auf die vom Teammitglied wahrgenommen Effizienz des Teams. Gleichzeitig zeigt sich, dass Rangkonflikte innerhalb des Teams sich negativ auf die Effizienz des Teams auswirken.

Ein Ziel der Arbeit bestand darin, zu zeigen, dass Teilnehmer der Umfrage anhand des Rangdynamikmodells nach Vatter in die verschiedenen Positionen eingeteilt werden können. Dies konnte nicht erreicht werden. Daher wurden im letzten Kapitel verschiedene Vorschläge unterbreitet dieses Modell dennoch zu validieren. Neben den im letzten Kapitel vorgestellten methodischen Verbesserungen, sollte auch eine periodische Datenerhebung genutzt werden, um Aufschluss über den Verlauf der Gruppendynamik zu geben.

Mit dieser Verlaufsuntersuchung können Veränderungen innerhalb des gleichen Teams (sowohl die Teamdynamik als auch der Teameffizienz betreffend) ermittelt werden. Eine Studie mit einem deutlich engeren Teilnehmerkreis, aber dafür mit einer Begleitung über einen längeren Zeitraum wäre erstrebenswert. Da es sich bei der hier vorliegenden Umfrage um eine Selbstbeurteilung handelte, konnten die Fragen lediglich die wahrgenommene Effektivität der Teams abfragen. In einer langfristig begleiteten Studie könnte dann auch die wahrgenommene Performance von mehreren Teammitgliedern verglichen werden und eventuell auch weitere messbare Performance-Indikatoren definiert werden. Gerade für ein solches psychologisches Messinstrument wäre dies auch für die Evaluierung der Reliabilität und Validität des Fragebogens relevant. Im Zuge dessen sollte auch die Forschung zur informellen Hierarchie und Rangordnung von Bunderson et al. berücksichtigt werden, die mit ihren Instrumenten zur Messung von Hierarchiestärken einen weiteren Einblick in die Rangdynamik von Teams geben könnten.[148]

Bereits im Jahr 2018 haben 70 % der Firmen in einer Umfrage des Harvard Business Reviews Magazins gesagt, dass die Einführung von People Analytics eine hohe Priorität hat.[149] Dabei geht es vor allem darum, Entscheidungsfindung mit fundierten Daten zu unterstützen. Effiziente Teams werden in Unternehmen mit der zunehmenden Komplexität von Entscheidungen und der damit einhergehenden Dezentralisierung immer wichtiger. Die Untersuchung von informeller Hierarchie und der Rangdynamik in Teams anhand von messbaren Unternehmensdaten wie beispielsweise den Kommunikationsstrukturen ist ein spannendes Forschungsfeld, dem aktuell noch wenig Aufmerksamkeit zukommt. Ein wissenschaftlich fundiertes und gleichzeitig effizient einsetzbares Modell zur Steuerung von Teamstrukturen wäre ein denkbares Ergebnis. Bis es so weit ist, wird die Gruppendynamik ein faszinierendes, wenn auch oft schwer greifbares Phänomen bleiben, dessen Einfluss auf die Effizienz von Teams weiterhin eine wichtige Rolle in der Organisationswissenschaft spielen wird.

[148] Bunderson et al. (2016).
[149] Vgl. Leonardi und Contractor (2018).

Anhang A – Fragebogen

FOM Hochschule für Oekonomie & Management
University of Applied Sciences

Thank you for taking some time to contribute to our research

In this survey, we investigate team dynamics and want to explore its impact on the effectiveness of the team you are working in. We are focusing on informal hierarchies that you might have experienced while working in a self-organized team, working for a cross-functional project or an agile team.

During the following questions, we would like you to think about your personal experience working in **a single, specific team**. So please take a moment to think of **one team** you want to answer these questions for. It can be a team that you are working in right now, or a team that you have been working in recently.

Throughout this survey, **please select the answer that comes most intuitively to you** and do not overthink your answers.

The survey will take approximately **10 minutes** and your responses are saved anonymously and will not be shared with people other than the researchers.

Alex Steg and Dr. Peter Vatter

Next

During the following questions, we would like you to think about your personal experience working in **a single, specific team** that you have been/are currently working in.

1. Which description best fits your team?

- ◯ Agile Team
- ◯ Cross-Functional Project Team
- ◯ Self-organized Team
- ◯ Management Team
- ◯ Other: [ ]

2. Please give us some general information about your team.

I have been part of the team for [ ] years.

My team consists of [ ] members (including myself).

Even if your team does not have a formal hierarchy, you probably have experienced that some people in your team have more influence or power within the group. We would like you to think about all the members in your team and find the position you would rank yourself into.

Ranking all the people in the team in terms of hierarchy, I would see myself at position [ ] from the top.

3. Is one of the team members also the formal manager of the team?

- ◯ yes
- ◯ no

4. Please give us some information about the dynamics in your team.

	strongly disagree						strongly agree
In my team, we like to work and learn together and support each other.	○	○	○	○	○	○	○
In my team, there are often arguments.	○	○	○	○	○	○	○
In my team, criticism is dealt with openly.	○	○	○	○	○	○	○
In my team, some find it difficult to connect with the other members.	○	○	○	○	○	○	○
In my team, there were/are conflicts about the leadership position.	○	○	○	○	○	○	○
I would prefer a particular member to be taken out of my team.	○	○	○	○	○	○	○
In my team, work is harmonious.	○	○	○	○	○	○	○
In my team, everyone can contribute their ideas on an equal basis.	○	○	○	○	○	○	○
In my team, everyone receives all necessary information and resources regardless of their position.	○	○	○	○	○	○	○
In my team, there's one member that significantly contributes to the good mood.	○	○	○	○	○	○	○
In my team, there's one member that significantly contributes to the bad mood.	○	○	○	○	○	○	○
In my team, members are played off against each other.	○	○	○	○	○	○	○
In my team, there's one member that does not contribute.	○	○	○	○	○	○	○
In team meetings, there is a single person having most of the speaking time.	○	○	○	○	○	○	○
In my team, there are sometimes very emotional discussions (raised voices, shouting, etc.).	○	○	○	○	○	○	○
In my team, there is a clear hierarchy.	○	○	○	○	○	○	○
We spend time to improve our team.	○	○	○	○	○	○	○
In my team, decisions are made as a group.	○	○	○	○	○	○	○

How do you feel about the performance of your team?

	0 %				100 %
To what extent is your team using its performance potential?	○	○	○	○	○
To what extent is your team using its innovation potential?	○	○	○	○	○

	strongly disagree				strongly agree
In my team, you can dare to openly address problems and mistakes.	○	○	○	○	○
In my team, close attention is paid to ensuring that all members achieve the best possible performance.	○	○	○	○	○
In my team, all members are clear about what needs to be done.	○	○	○	○	○
My team feels that our work is very important.	○	○	○	○	○
My team makes an important contribution to the overall success of the organization.	○	○	○	○	○

Back **Next**

Please give us some insights on your attitude and how you think about your role in the team.

Make sure you focus your answers on the setting you have in **the team you selected in the beginning** and don't cheat on yourself.

	strongly disagree						strongly agree	don't know
In the team I often take the lead.	○	○	○	○	○	○	○	○
I often assert my ideas against others.	○	○	○	○	○	○	○	○
My team members respect my authority.	○	○	○	○	○	○	○	○
It is easy for me to make decisions.	○	○	○	○	○	○	○	○
It is important to me to be better than others.	○	○	○	○	○	○	○	○
Competition increases motivation in my team.	○	○	○	○	○	○	○	○
I address problems even if it leads to conflicts.	○	○	○	○	○	○	○	○
I avoid conflicts wherever possible.	○	○	○	○	○	○	○	○
A good personal relationships to the others in the team is very important to me.	○	○	○	○	○	○	○	○
I prefer to use the diplomatic way to achieve my own interests.	○	○	○	○	○	○	○	○
Sometimes I take advantage of my team members.	○	○	○	○	○	○	○	○
I manage to make people laugh.	○	○	○	○	○	○	○	○
I play a key role in promoting cohesion within the team.	○	○	○	○	○	○	○	○
I spend extra effort to have good relationships with influential team members.	○	○	○	○	○	○	○	○
My team achieves more together than each individual on his own.	○	○	○	○	○	○	○	○
I adapt myself to the team.	○	○	○	○	○	○	○	○

	strongly disagree						strongly agree	don't know
I find consistency and continuity in the team to be very important.	○	○	○	○	○	○	○	○
For me it is difficult to work when the goals are not clearly defined.	○	○	○	○	○	○	○	○
I think that clear rules and structures at work are fundamental to success.	○	○	○	○	○	○	○	○
Before giving in, I stand up for myself.	○	○	○	○	○	○	○	○
I am rather reserved.	○	○	○	○	○	○	○	○
I'm content if I do not have to make decisions.	○	○	○	○	○	○	○	○
I feel attached to strong personalities in the team.	○	○	○	○	○	○	○	○
I am willing to take unpopular views against other team members.	○	○	○	○	○	○	○	○
The team would be more successful if I had more influence on decisions.	○	○	○	○	○	○	○	○
I often present suggestions for improvement to the team.	○	○	○	○	○	○	○	○
Often my views are ignored by the team.	○	○	○	○	○	○	○	○
I am persistent when it comes to expressing an unpopular opinion.	○	○	○	○	○	○	○	○
I feel as a full part of the team.	○	○	○	○	○	○	○	○
The team excludes me from decision making.	○	○	○	○	○	○	○	○
I care about all team members equally.	○	○	○	○	○	○	○	○
I often act as a spokesperson between my team and external stakeholders.	○	○	○	○	○	○	○	○

The following questions are about you as a person in general.	Doesn't apply at all				Applies completely
In an argument, I always remain objective and stick to the facts.	○	○	○	○	○
Even if I am feeling stressed, I am always friendly and polite to others.	○	○	○	○	○
When talking to someone I always listen carefully to what the other person says.	○	○	○	○	○
It has happened that I have taken advantage of someone in the past.	○	○	○	○	○
I have occasionally thrown litter away in the countryside or on to the road.	○	○	○	○	○
Sometimes I only help people if I expect to get something in return.	○	○	○	○	○

Lastly, please give us some information about yourself.

5. In which country do you work?

[ ]

6. What is your sex?

- ◯ male
- ◯ female
- ◯ other

7. How old are you?

[ ] years

8. For how many years have you been in a formal management position?

[ ] years

9. Are you currently in a formal management position?

- ◯ yes
- ◯ no

FOM Hochschule für Oekonomie & Management University of Applied Sciences

Thank you for taking part in our Survey! Your answers have been saved, you may now close this window!

Dr. Peter Vatter, FOM Hochschule für Oekonomie & Management – 2022

Anhang B – Testitems des Fragebogens

Fragen zur Gruppe / Team

GR01_01	I've been part of the team for ___ years.	Zahl
GR01_02	My team consists of ___ members (including myself).	Zahl
GR02_01	Ranking all the people in the team in terms of hierarchy, I would see myself at position ___ from the top.	Zahl
GR03_01	In my team, we like to work and learn together and support each other.	5-Likert
GR03_02	In my team, there are often arguments.	5-Likert
GR03_03	In my team, criticism is dealt with openly.	5-Likert
GR03_04	In my team, some find it difficult to connect with the other members.	5-Likert
GR03_05	In my team, there were/are conflicts about the leadership position.	5-Likert
GR03_06	I would prefer a particular member to be taken out of my team.	5-Likert
GR03_07	In my team, work is harmonious.	5-Likert
GR03_08	In my team, everyone can contribute their ideas on an equal basis.	5-Likert
GR03_09	In my team, everyone receives all necessary information and resources regardless of their position.	5-Likert
GR03_10	In my team, there's one member that significantly contributes to the good mood.	5-Likert
GR03_11	In my team, there's one member that significantly contributes to the bad mood.	5-Likert
GR03_12	In my team, members are played off against each other.	5-Likert
GR03_13	In my team, there's one member that does not contribute.	5-Likert
GR03_14	In team meetings, there is a single person having most of the speaking time.	5-Likert
GR03_15	In my team, there are sometimes very emotional discussions (raised voices, shouting, etc.).	5-Likert
GR03_16	In my team, there is a clear hierarchy.	5-Likert
GR03_17	We spend time to improve our team.	5-Likert
GR03_18	In my team, decisions are made as a group.	5-Likert
GR04	Is one of the team members also the formal manager of the team?	yes/no
GR05	Which description best fits your team? (Agile Team, Cross-Functional Project Team, Self-organized Team, Management Team, other)	Auswahl

Quelle: Eigene Darstellung

Team Effectiveness und Performance

HP01_01	In my team, you can dare to openly address problems and mistakes.	5-Likert
HP01_02	In my team, close attention is paid to ensuring that all members achieve the best possible performance.	5-Likert
HP01_03	In my team, all members are clear about what needs to be done.	5-Likert
HP01_04	My team feels that our work is very important.	5-Likert
HP01_05	My team makes an important contribution to the overall success of the organization.	5-Likert
HP02_01	To what extent is your team using its performance potential?	5-Step 0 - 100 %
HP02_02	To what extent is your team using its innovation potential?	5-Step 0 - 100 %

Quelle: Eigene Darstellung

Rangdynamische Position

RD01_01	In the team I often take the lead	7-Likert
RD01_02	I often assert my ideas against others	7-Likert
RD01_04	It is easy for me to make decisions	7-Likert
RD01_05	It is important to me to be better than others	7-Likert
RD01_07	I address problems even if it leads to conflicts	7-Likert
RD01_08	I avoid conflicts wherever possible	7-Likert
RD01_09	A good personal relationship to the others in the team is very important to me	7-Likert
RD01_10	I prefer to use the diplomatic way to achieve my own interests.	7-Likert
RD01_11	Sometimes I take advantage of my team members	7-Likert
RD01_12	I manage to make people laugh	7-Likert
RD01_14	I spend extra effort to have good relationships with influential team members	7-Likert
RD01_15	My team achieves more together than each individual on his own	7-Likert
RD01_16	I adapt myself to the team	7-Likert
RD01_17	I find consistency and continuity in the team to be very important.	7-Likert
RD01_18	For me it is difficult to work when the goals are not clearly defined.	7-Likert
RD01_19	I think that clear rules and structures at work are fundamental to success.	7-Likert
RD01_20	Before giving in, I stand up for myself	7-Likert
RD01_21	I am rather reserved	7-Likert
RD01_22	I'm content if I do not have to make decisions	7-Likert
RD01_25	Team would have more success if I more influence in team	7-Likert
RD01_26	I often present suggestions for improvement to the team	7-Likert
RD01_27	Often my views are ignored by the team	7-Likert
RD01_29	I do not feel as a full part of the team	7-Likert
RD01_30	The team excludes me from decision making	7-Likert
RD01_31	I care about all team members equally.	7-Likert
RD01_32	I often act as a spokesperson between my team and external stakeholders	7-Likert

Quelle: Eigene Darstellung

Soziale Erwünschtheit Gamma

SE02_01	In an argument, I always remain objective and stick to the facts.	5-Likert
SE02_02	Even if I am feeling stressed, I am always friendly and polite to others.	5-Likert
SE02_03	When talking to someone I always listen carefully to what the other person says.	5-Likert
SE02_04	It has happened that I have taken advantage of someone in the past.	5-Likert
SE02_05	I have occasionally thrown litter away in the countryside or on to the road.	5-Likert
SE02_06	Sometimes I only help people if I expect to get something in return.	5-Likert

Quelle: Eigene Darstellung

Demografie

SD01	In which country do you work?	Auswahl
SD02	What is your sex?	Auswahl
SD03	How old are you?	Zahl

Quelle: Eigene Darstellung

Führungserfahrung

FK01	For how many years have you been in a formal management position?	Zahl
FK02	Are you currently in a formal management position?	Yes/No

Quelle: Eigene Darstellung

Literaturverzeichnis

Abrell, Anna. 2021. Die Rolle der Hierarchie in weniger hierarchischen Organisationen. In: Bodemann, M., Fellner, W. und Just, V. (Hrsg.): *Zukunftsfähigkeit durch Innovation, Digitalisierung und Technologien*, 101–133. Berlin, Heidelberg: Springer Gabler.

Anderson, Cameron und Courtney E. Brown. 2010. The functions and dysfunctions of hierarchy. *Research in Organizational Behavior* 30: 55–89. DOI: 10.1016/j.riob.2010.08.002.

Bachmann, Thomas. 2015. Coaching und Gruppendynamik. In: Astrid Schreyögg und Christoph Schmidt-Lellek (Hrsg.). *Die Professionalisierung von Coaching. Ein Lesebuch für den Coach*, 283–309. Wiesbaden: Springer.

Bachmann, Thomas. 2022. Functional Group Positions and Contact Behavior in Problem-Solving Groups. *Gruppe. Interaktion. Organisation. Zeitschrift für Angewandte Organisationspsychologie (GIO)*. DOI: 10.1007/s11612-021-00613-6.

Backhaus, Klaus, Bernd Erichson, Wulff Plinke und Rolf Weiber. 2018. *Multivariate Analysemethoden*. Berlin, Heidelberg: Springer Gabler.

Bommer, William H., Jonathan L. Johnson, Gregory A. Rich, Philip M. Podsakoff, und Scott B. MacKenzie. 1995. On the interchangeability of objective and subjective measures of employee performance: A meta-analysis. *Personnel Psychology* 48 (3): 587–605. DOI: 10.1111/j.1744-6570.1995.tb01772.x.

Brandt, Holger. 2020. Exploratorische Faktorenanalyse (EFA). In: Helfried Moosbrugger und Augustin Kelava (Hrsg.): *Testtheorie und Fragebogenkonstruktion*, 575–614. Berlin, Heidelberg: Springer.

Brandt, Holger und Helfried Moosbrugger. 2020. Planungsaspekte und Konstruktionsphasen von Tests und Fragebogen. In: Helfried Moosbrugger und Augustin Kelava (Hrsg.): *Testtheorie und Fragebogenkonstruktion*, 39–66. Berlin, Heidelberg: Springer.

Brocher, Tobias. 2015. Was ist Gruppendynamik? In *Gruppenberatung und Gruppendynamik*, hrsg. Tobias Brocher, 33–44. Wiesbaden: Springer Gabler.

Bunderson, J. Stuart, Gerben S. van der Vegt, Yeliz Cantimur, und Floor Rink. 2016. Different Views of Hierarchy and Why They Matter: Hierarchy as Inequality or as Cascading Influence. *Academy of Management Journal* 59 (4): 1265–1289. DOI: 10.5465/amj.2014.0601.

Cohen, Susan G. und Diane E. Bailey. 1997. What Makes Teams Work: Group Effectiveness Research from the Shop Floor to the Executive Suite. *Journal of Management* 23 (3): 239–290. DOI: 10.1177/014920639702300303.

Diefenbach, Thomas und John A.A. Sillince. 2011. Formal and Informal Hierarchy in Different Types of Organization. *Organization Studies* 32 (11): 1515–1537. DOI: 10.1177/0170840611421254.

Diszlberger, Philip. 2023. *Methoden zur Evaluation der informellen Hierarchie als Erfolgsfaktor der Teamarbeit vor dem Hintergrund von New Work*. Nürnberg: Noricum.

Elbe, Martin. 2016. *Sozialpsychologie der Organisation. Verhalten und Intervention in sozialen Systemen*. Berlin, Heidelberg: Springer Gabler.

Evans, Karoline und Bret Sanner. 2021. Informal Hierarchy Strength Changes and Their Effect on Performance. *Group & Organization Management:* 105960112110365. DOI: 10.1177/10596011211036536.

Fischer, J. A., H. Hüttermann, und T. Siebenaler. 2020. *High-Performance-Team-Survey (HPTS)*. ZIS - GESIS Leibniz Institute for the Social Sciences.

French, Wendell L. und Cecil Bell. 1994. *Organisationsentwicklung. Sozialwissenschaftliche Strategien zur Organisationsveränderung*. Bern, Stuttgart, Wien: Haupt.

Gäde, Jana, Karin Schermelleh-Engel, und Holger Brandt. 2020. Konfirmatorische Faktorenanalyse (CFA). In: Helfried Moosbrugger und Augustin Kelava (Hrsg.): *Testtheorie und Fragebogenkonstruktion*, 615–660. Berlin, Heidelberg: Springer.

Geckert, Daniel. 2023. *Informelle Hierarchie als Erfolgsfaktor in New-Work-Teams - Evaluierung einer Methodik zur Validierung rangdynamischer Modelle*. Nürnberg: Noricum.

Greer, Lindred L., Bart A. de Jong, Maartje E. Schouten, und Jennifer E. Dannals. 2018. Why and when hierarchy impacts team effectiveness: A meta-analytic integration. *The Journal of applied psychology* 103 (6): 591–613. DOI: 10.1037/apl0000291.

Guzzo, R. A. und M. W. Dickson. 1996. Teams in organizations: recent research on performance and effectiveness. *Annual review of psychology* 47: 307–338. DOI: 10.1146/annurev.psych.47.1.307.

Hackl, Benedikt, Marc Wagner, Lars Attmer, und Dominik Baumann. 2017. *New Work: Auf dem Weg zur neuen Arbeitswelt. Management-Impulse, Praxisbeispiele, Studien*. Wiesbaden, Germany: Springer Gabler.

Hackman, J. R. und Richard E. Walton. 1985. *The Leadership of Groups in Organizations*. Fort Belvoir, VA: Defense Technical Information Center.

Hackman, J.Richard und Charles G. Morris. 1975. Group Tasks, Group Interaction Process, and Group Performance Effectiveness: A Review and Proposed Integration. *Advances in Experimental Social Psychology* 8: 45–99. DOI: 10.1016/S0065-2601(08)60248-8.

Harris, Douglas H. 1994. *Organizational linkages. Understanding the productivity paradox*. Washington D.C., USA: National Academy Press.

Hertel, Guido und Joachim Hüffmeier. 2019. Teamarbeit: Wirkmechanismen und Rahmenbedingungen. In: Heinz Schuler und Klaus Moser (Hrsg.): *Lehrbuch Organisationspsychologie*, 187–224. Hogrefe.

Ilgen, Daniel R., John R. Hollenbeck, Michael Johnson, und Dustin Jundt. 2005. Teams in organizations: from input-process-output models to IMOI models. *Annual review of psychology* 56: 517–543. DOI: 10.1146/annurev.psych.56.091103.070250.

Katzenbach, Jon R. und Douglas K. Smith. 1993. *The wisdom of teams. Creating the high-performance organization.* Boston, MA, USA.: Harvard Business School.

Keltner, Dacher, Deborah H. Gruenfeld, und Cameron Anderson. 2003. Power, approach, and inhibition. *Psych. Review* 110 (2): 265–284. DOI: 10.1037/0033-295x.110.2. 265.

Kemper, C. J., C. Beierlein, D. Bensch, A. Kovaleva, und B. Rammstedt. 2014. *Soziale Erwünschtheit-Gamma (KSE-G).* ZIS - GESIS Leibniz Institute for the Social Sciences.

Kilduff, Gavin J., Robb Willer, und Cameron Anderson. 2016. Hierarchy and Its Discontents: Status Disagreement Leads to Withdrawal of Contribution and Lower Group Performance. *Organization Science* 27 (2): 373–390. DOI: 10.1287/orsc.2016.1058.

König, Oliver. 2012. Gruppendynamische Grundlagen. In: Bernhard Strauß und Dankwart Mattke (Hrsg.): *Gruppenpsychotherapie. Lehrbuch für die Praxis*, 21–36. Berlin, Heidelberg: Springer Berlin Heidelberg.

König, Oliver und Karl Schattenhofer. 2020. *Einführung in die Gruppendynamik.* Heidelberg: Carl-Auer.

Kozlowski, Steve W. J. und Bradford S. Bell. 2003. *Work Groups and Teams in Organizations.* Hoboken, NJ, USA: John Wiley.

Kozlowski, Steve W. J. und Daniel R. Ilgen. 2006. Enhancing the Effectiveness of Work Groups and Teams. *Psychological science in the public interest : a journal of the American Psychological Society* 7 (3): 77–124. DOI: 10.1111/j.1529-1006.2006.00030.x.

Krackhardt, David. 2014. Graph Theoretical Dimensions of Informal Organization. In: Kathleen M. Carley und Michael J. Prietula (Hrsg.): *Computational Organization Theory*, 89–111. Hoboken, NJ, USA: Taylor and Francis.

Lencioni, Patrick. 2005. *Overcoming the five dysfunctions of a team. A field guide for leaders, managers, and facilitators.* San Francisco, CA: Jossey-Bass.

Leonardi, Paul und Noshir Contractor. 2018. Better people analytics. *Harvard Business Review* 96 (6): 70–81.

Malone, Thomas W. 2007. *The future of work. How the new order of business will shape your organization, your management style, and your life.* Boston, MA, USA.: Harvard Business School.

Marcus, David K. 2021. Studying group dynamics with the social relations model revisited. *Group Dynamics: Theory, Research, and Practice* 25 (3): 250–257. DOI: 10.1037/gdn0000165.

Mathieu, John, M. Travis Maynard, Tammy Rapp, und Lucy Gilson. 2008. Team Effectiveness 1997-2007: A Review of Recent Advancements and a Glimpse Into the Future. *Journal of Management* 34 (3): 410–476. DOI: 10.1177/0149206308316061.

Mathieu, John E., Peter T. Gallagher, Monique A. Domingo, und Elizabeth A. Klock. 2019. Embracing Complexity: Reviewing the Past Decade of Team Effectiveness Research. *Annual Review of Organizational Psychology and Behavior* 6 (1): 17–46.

McGrath, Joseph Edward. 1964. *Social psychology. A brief introduction.* New York, NY, USA: Holt, Rinehart and Winston.

de Meuse, Kenneth P. 2009. *Driving team effectiveness.* Korn and Ferry Institute, USA

Moosbrugger, Helfried und Holger Brandt. 2020. Itemkonstruktion und Antwortverhalten. In: Helfried Moosbrugger und Augustin Kelava (Hrsg.): *Testtheorie und Fragebogenkonstruktion*, 67–90. Berlin, Heidelberg: Springer.

Nießen, Désirée, Melanie V. Partsch, Christoph J. Kemper, und Beatrice Rammstedt. 2019. An English-Language Adaptation of the Social Desirability–Gamma Short Scale (KSE-G). *Measurement Instruments for the Social Sciences* 1 (1). DOI: 10.1186/s42409-018-0005-1.

Oedzes, Jacoba J., Gerben S. van der Vegt, Floor A. Rink, und Frank Walter. 2019. On the origins of informal hierarchy: The interactive role of formal leadership and task complexity. *Journal of Organizational Behavior* 40 (3): 311–324. DOI: 10.1002/job.2330.

Overbeck, Jennifer R., Joshua Correll, und Bernadette Park. Internal Status Sorting in Groups: The Problem of too many Stars. In: Jennifer R. Overbeck, Joshua Correll, und Bernadette Park (Hrsg.): *Status and Groups*, 169–199. Emerald Group Publishing Limited.

Paulhus, Delroy L. 2002. Socially Desirable Responding : The Evolution of a Construct. In: Henry I. Braun, Douglas N. Jackson, David E. Wiley, und Samuel Messick (Hrsg.): *The role of constructs in psychological and educational measurement*, 49–69. Mahwah, N.J.: L. Erlbaum.

Peeters, Tina, Jaap Paauwe, und Karina van de Voorde. 2020. People analytics effectiveness: developing a framework. *Journal of Organizational Effectiveness: People and Performance* 7 (2): 203–219. DOI: 10.1108/JOEPP-04-2020-0071.

Räcke, Susann. *Teamzusammensetzung als Determinante von Teamerfolg.* Dissertation. Wiesbaden: Springer Fachmedien.

Rechtien, Wolfgang. 2007. *Angewandte Gruppendynamik. Ein Lehrbuch für Studierende und Praktiker.* Weinheim: Beltz.

Rosseel, Yves. 2012. lavaan : An R Package for Structural Equation Modeling. *Journal of Statistical Software* 48 (2). DOI: 10.18637/jss.v048.i02.

Saputra, Nopriadi, Ningky Sasanti, Firdaus Alamsjah, und Ferdinand Sadeli. 2021. Strategic role of digital capability on business agility during COVID-19 era. *Procedia Computer Science* 197: 326–335. DOI: 10.1016/j.procs.2021.12.147.

Schindler, Raoul. 2013. Grundprinzipien der Psychodynamik der Gruppe. In: Maria-Anna Pleischl und Günter Dietrich (Hrsg.): *Gruppenpsychotherapie im Dialog. Zum 90. Geburtstag von Raoul Schindler*, 6–12. Wien.

Schindler, Raoul. 2016. *Das lebendige Gefüge der Gruppe. Ausgewählte Schriften*. Gießen: Psychosozial-Verlag.

Schnaudt, Christian. 2020. Explorative Faktorenanalyse und Skalenkonstruktion. In: Markus Tausendpfund (Hrsg.): *Fortgeschrittene Analyseverfahren in den Sozialwissenschaften. Ein Überblick*, 205–242. Wiesbaden: Springer VS.

Schreyögg, Astrid und Christoph Schmidt-Lellek (Hrsg.). 2015. *Die Professionalisierung von Coaching. Ein Lesebuch für den Coach*. Wiesbaden: Springer.

Schuler, Heinz und Klaus Moser (Hrsg.). 2019. *Lehrbuch Organisationspsychologie*. Hogrefe.

Someren, Maarten W. von, Yvonne F. Barnard, und Jacobijn A.C. Sandberg. 1994. *The think aloud method. A practical approach to modelling cognitive*.

Tarakci, Murat, Lindred L. Greer, und Patrick J. F. Groenen. 2016. When does power disparity help or hurt group performance? *Journal of applied psychology* 101 (3): 415–429. DOI: 10.1037/apl0000056.

Tasca, Giorgio A. 2021. Twenty-five years of Group Dynamics: Theory, research and practice: Introduction to the special issue. *Group Dynamics: Theory, Research, and Practice* 25 (3): 205–212.

Thompson, Bruce. 2004. *Exploratory and confirmatory factor analysis. Understanding concepts and applications*. Washington D.C., USA: American Psychological Association.

Tuckman, Bruce Wayne. 1965. Developmental sequence in small groups. *Psychological Bulletin* 63 (6): 384–399. DOI: 10.1037/h0022100.

Vatter, Peter und Maike Kugler. 2022. Informelle Hierarchie - Rangdynamik Konflikte als Ursache dysfunktionalen Verhaltens am Arbeitsplatz. *zfo - Zeitschrift für Führung und Organisation* (06/2022): 357-363.

Verleysen, Michel und Damien François. 2005. The Curse of Dimensionality in Data Mining and Time Series Prediction. In *Computational Intelligence and Bioinspired Systems*, hrsg. Joan Cabestany, Alberto Prieto, und Francisco Sandoval, 758–770. Berlin, Heidelberg: Springer.

Weiber, Rolf und Daniel Mühlhaus. 2021. *Strukturgleichungsmodellierung. Eine anwendungsorientierte Einführung in die Kausalanalyse mit Hilfe von AMOS, SmartPLS und SPSS*. Berlin: Springer Gabler.

Wheeler, Ladd. 2008. Kurt Lewin. *Social and Personality Psychology Compass* 2 (4): 1638–1650. DOI: 10.1111/j.1751-9004.2008.00131.x.

Internetquellen

Alphabet Inc. 2021. Annual Report 2021. https://abc.xyz/investor/static/pdf/2021_alphabet_annual_report.pdf. Zugegriffen: 07.08.2022.

Google Inc. 2019. Guide: Understand Team Effectiveness. https://rework.withgoogle.com/guides/understanding-team-effectiveness. Zugegriffen: 24.07.2022.

Leibniz-Institut für Sozialwissenschaften. 2022. ZIS. https://zis.gesis.org/. Zugegriffen: 24.07.2022.

Der Autor

Alexander Steg, 1992 in Eutin geboren, begann seine akademische Karriere 2011 mit einem Studium der Medizintechnik, spezialisiert auf künstliche Intelligenz in der medizinischen Bildgebung. Seinem Abschluss erlangte er 2017 mit dem Master of Science.

Seine professionelle Laufbahn begann er als Softwareentwickler bei der Siemens Healthineers AG. Hier war er an der Implementierung einer Cloud-Lösung zur Vernetzung der Gesundheitsversorgung beteiligt, anschließend als Produktmanager für die IT-Plattform einer Bildgebungs- und Berichtslösung im Bereich der Radiologie tätig. 2023 unternahm er einen Wechsel zu Siemens Digital Industries, um am der digitalen Business Plattform Siemens Xcelerator mitzuwirken.

2019 vertiefte er seine wissenschaftliche Expertise und nahm ein weiteres berufsbegleitend ein Zweitstudium in „Business Consulting und Digital Management" an der FOM Hochschule für Oekonomie und Management in Nürnberg auf, welches er 2022 mit dem Master of Science erfolgreich abschloss.

Durch seine Erfahrung in der Softwareentwicklung, insbesondere durch das Arbeiten nach der DevOps-Philosophie erkannte er die essenzielle Bedeutung eines funktionierenden Teams. Dies veranlasste ihn, rangdynamische Prozesse und gruppendynamische Einflussfaktoren auf die Teamperformance auch wissenschaftlich zu ergründen. Die vorliegende Arbeit stellt die Ergebnisse seiner Untersuchungen vor.

Die Reihe „Informelle Hierarchie & Rangdynamik"

Der Begriff „Informelle Hierarchie & Rangdynamik" umfasst ein neuartiges Führungsverständnis, nachdem das Bilden von Hierarchien ein natürlicher Drang von Menschen ist. Führung und Autorität werden im Gegensatz zu anderen Ansätzen nicht abgelehnt, sondern als natürlicher Teil der Gruppendynamik betrachtet. Viel mehr kommt es darauf an, wie das führende Individuum seine Macht ausübt und dass dessen Ziele dem Gemeinwohl dienen.

Das Ziel des Ansatzes liegt darin, die informelle Hierarchie auf eine der gesamten Organisation dienende Art und Weise zu gestalten und rangdynamische Konflikte konstruktiv zu lösen. Im Idealfall führt zu einer höheren Performanz und geringeren psychischen Belastungen innerhalb des Teams.

Diesem Leitgedanken folgend werden in der vorliegenden Reihe wissenschaftliche Beiträge veröffentlich. Zentrale Fragen beschäftigen sich mit den Mechanismen, wie Menschen eine informelle Hierarchie bilden, welche Neigungen einzelne Menschen hinsichtlich ihrer rangdynamischen Rolle besitzen und was die Auswirkungen bestimmter Gruppenstrukturen sind. Weiter soll untersucht werden, wie Führungskräfte befähigt werden können, um ihre Führungsrolle verantwortungsvoll und angemessen ausfüllen zu können.

‣ www.informelle-hierarchie.de

Bisher in der Reihe erschienen

Band 1 **Philip Diszlberger** – Methoden zur Evaluation der informellen Hierarchie als Erfolgsfaktor der Teamarbeit vor dem Hintergrund von New Work, ISBN 978-3-98933-000-9

Band 2 **Daniel Geckert** – Informelle Hierarchie als Erfolgsfaktor in New-Work-Teams – Evaluierung einer Methodik zur Validierung rangdynamischer Modelle, ISBN 978-3-98933-002-3

Band 3 **Alexander Steg** - Informelle Hierarchie als Erfolgsfaktor für Teamarbeit - Evaluation der Teamperformance vor dem Hintergrund rangdynamischer Prozesse, ISBN 978-3-98933-004-7